Der kleine Katzen-Doktor

Der kleine Katzen-Doktor

Krankheiten erkennen und richtig behandeln

Dr. Bruce Fogle

DORLING KINDERSLEY
London, New York, Melbourne,
München und Delhi

Für die deutsche Ausgabe:
Programmleitung Monika Schlitzer
Projektbetreuung Regina Franke
Herstellungsleitung Dorothee Whittaker
Herstellung und Covergestaltung
Petra Kühner
Coverfoto Juniors Bildarchiv/O. Giel

Bibliografische Information der Deutschen Bibliothek
Die Deutsche Bibliothek verzeichnet diese Publikation
in der Deutschen Nationalbibliografie;
detaillierte bibliografische Daten sind im Internet über
http://dnb.ddb.de abrufbar

Titel der englischen Originalausgabe:
What's up with your cat?

© Dorling Kindersley Limited, London, 2002
Ein Unternehmen der Penguin-Gruppe

© der deutschsprachigen Ausgabe by
Dorling Kindersley Verlag GmbH,
München, 2002, 2009
Alle deutschsprachigen Rechte vorbehalten

Übersetzung Claudia Ade, Sebastian Sieber
Redaktion Susanne Staatsmann
Fachliche Beratung und Aktualisierung
Dr. Stefanie Hallack

ISBN 978-3-8310-1456-9

Printed and bound in Slovakia by TBB

Besuchen Sie uns im Internet
www.dk.com

Hinweis
Die Informationen und Ratschläge in diesem
Buch sind von den Autoren und vom Verlag
sorgfältig erwogen und geprüft, dennoch kann
eine Garantie nicht übernommen werden.
Eine Haftung der Autoren bzw. des Verlags
und seiner Beauftragten für Personen-, Sach-
und Vermögensschäden ist ausgeschlossen.

INHALT

Vorwort	6
Zum Umgang mit diesem Buch	7

TEIL EINS
DIE GESUNDHEIT IHRER KATZE

Lebt Ihre Katze drinnen oder draußen?	10
Alter und Geschlecht Ihrer Katze	12
Die Katze untersuchen	14
Darauf sollten Sie achten	16
Einfache Maßnahmen	18
Versteckte Botschaften	20
Impfungen	22
Infektionskrankheiten	24
Wundbehandlung	26
Ektoparasiten	28
Endoparasiten	30
Schock erkennen	32
Künstliche Beatmung	34
Herzmassage	36

TEIL ZWEI
SYMPTOME ERKENNEN

Verändertes Verhalten	40	Gleichgewicht und Koordination	60
Lethargie	42	Anfälle und Krämpfe	62
Veränderte Lautäußerungen	44	Niesen und Nasenerkrankungen	64
Verletzungen	46	Husten, Würgen und Ersticken	66
Blutungen	48	Mundgeruch	68
Die Augen	50	Die Atmung	70
Die Ohren	52	Verändertes Fressverhalten	72
Kratzen und Haarausfall	54	Erbrechen	74
Schwellungen und Knoten	56	Durchfall	76
Lahmheit und Hinken	58	Verstopfung	78
		Aufgeblähter Bauch	80
		Übermäßiges Trinken	82
		Harnwegserkrankungen	84
		Genitaler Ausfluss	86
		Wehen und Geburt	88
		Glossar	90
		Register	94
		Dank	95

VORWORT

Katzen sind wunderbare Gefährten. In wohliger Selbstzufriedenheit bringen sie uns dazu, sie nach ihren Wünschen aufmerksam und liebevoll zu umsorgen.

Es ist gerade die Unabhängigkeit der Katze, die wir an ihr so anziehend finden, auch wenn eben diese sie zuweilen zu einem schwierigen Patienten macht.

Da sie jagende Einzelgänger sind, basieren soziale Beziehungen bei Katzen auf »Selbsterhalt«. Wenn sich eine Katze unwohl fühlt, versucht sie ihrer Natur gemäß, sich zurückzuziehen und zu verstecken. Die kranke Katze möchte nicht zur Gejagten werden und verbirgt ihre Schwäche daher vor Feinden. Zum Überleben eine hervorragende Strategie – aber für den Katzenfreund ein echtes Problem, weiß er doch häufig nicht um den Gesundheitszustand seines Mitbewohners. Die Signale, die eine Katze bei Krankheit aussendet, sind viel subtiler und später erkennbar als zum Beispiel bei Hunden.

Dieses Buch wird Ihnen helfen, Katzen zu verstehen. Es kann kein Ersatz für Fachwissen und Erfahrung sein – benutzen Sie es daher mit Umsicht und setzen Sie sich mit Ihrem Tierarzt in Verbindung, wenn Ihrer Katze etwas fehlt.

Bruce Fogle

ZUM UMGANG MIT DIESEM BUCH

DER KLEINE KATZEN-DOKTOR ist ein praktischer Ratgeber für die Gesundheit Ihrer Katze. Im ersten Teil wird erläutert, wie Sie Ihre Katze verstehen, auf die Vitalfunktionen achten, Krankheiten vorbeugen und Erste Hilfe leisten können. Der zweite Teil besteht aus leicht verständlichen Diagrammen mit Symptomen, aus denen Sie jede Abweichung vom Normalverhalten Ihrer Katze ersehen können. Mit Hilfe von Fragebögen können Sie feststellen, ob ein gesundheitliches Problem besteht und was Sie unternehmen sollten.

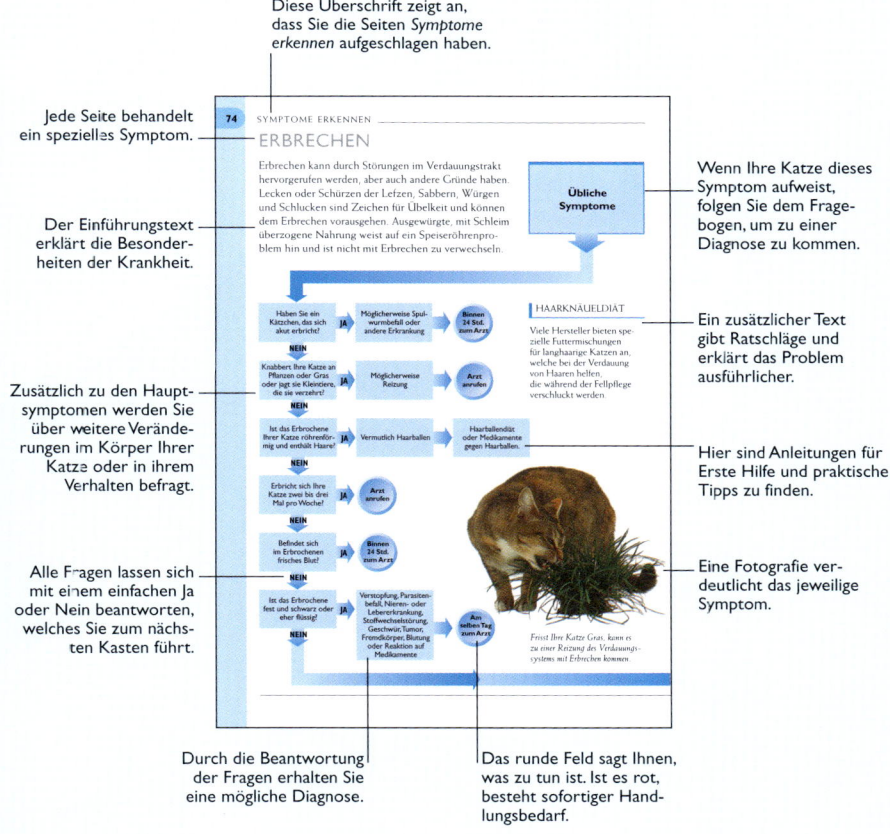

Teil Eins
DIE GESUNDHEIT IHRER KATZE

Lebensumstände, Geschlecht, Alter, Erfahrung und Persönlichkeit sind Faktoren, die beeinflussen, wie sich Verletzungen oder Krankheiten auf Ihre Katze auswirken. Um zu verstehen, was mit Ihrer Katze los ist, müssen Sie sie untersuchen können. Machen Sie sich daher mit der Atmung, dem Puls und dem Blutdruck Ihrer Katze vertraut. Nur wenn Sie lebensrettende Maßnahmen kennen, können Sie im Ernstfall schnell und effizient handeln.

DIE GESUNDHEIT IHRER KATZE

LEBT IHRE KATZE DRINNEN ODER DRAUSSEN?

Die Lebensweise Ihrer Katze beeinflusst ihr allgemeines Wohlbefinden. Katzen, die ihre Zeit draußen verbringen, sind anfälliger für Verletzungen und Infektionen. Die Wahrscheinlichkeit eines Tumors ist beispielsweise größer. Das liegt an bestimmten Viruserkrankungen, die durch den Speichel anderer Katzen übertragen werden und die Entstehung von Lymphknotenkrebs – einer der häufigsten Krebserkrankungen bei Katzen – begünstigen.

Die meisten Katzen genießen die Freiheit, die das Leben jenseits der Haustür bietet. Dadurch sind sie aber auch erhöhter Gefahr durch Krankheiten und Verletzungen ausgesetzt.

DRINNEN

In den geschützten vier Wänden ist Ihre Katze am sichersten, aber manche Katzen finden ein solches Leben langweilig. Neugierigere Exemplare suchen sich körperliche und geistige Beschäftigungsmöglichkeiten, um der Langeweile zu entfliehen. Mit den Krallen am Fenstersims zu hängen, auf giftigen Hauspflanzen zu kauen oder das Nickerchen in Waschmaschine oder Trockner zu halten ist jedoch gefährlich! Beobachten Sie das Verhalten Ihrer Katze. Manche Probleme sind vorhersehbar und davon abhängig, ob es sich bei Ihrem Haustier um eine ruhige, introvertierte Samtpfote oder um einen wilden, extrovertierten Draufgänger handelt.

DRAUSSEN

Wenn sich Ihre Katze auch außerhalb Ihrer Wohnung aufhält, ist es schwerer zu kontrollieren, was ihr widerfährt. Die Weite lockt mit Freiheit und Hochgefühl, birgt aber auch eine Vielzahl an Risiken wie Unfallverletzungen, Infektionen, Allergien und leider auch Luftgewehre, Pfeile und ausgelegtes Gift.

Reine Hauskatzen können zufrieden sein, aber achten Sie auf Anzeichen für Langeweile, die zu gefährlichem Verhalten Ihres Haustiers führen kann.

DIE ZEICHEN EINER KRANKHEIT DEUTEN

Schmerzen sind eine Sache der Wahrnehmung. Es gibt keine bestimmten Nerven, die auf Schmerzen reagieren. Die Wahrnehmung von Schmerz ist bei den Tierarten unterschiedlich. Katzen können Schmerzen beispielsweise besser verbergen als Hunde, was sowohl gut als auch schlecht sein kann. Einerseits kommt es bei Katzen im Vergleich zu Hunden nicht so schnell zu einem durch Schmerzen verursachten klinischen Schock (siehe Seite 32). Andererseits neigen Katzen dazu, Schmerzen zu verbergen, und wir bemerken gar nicht, dass sie krank sind.

Unabhängig davon, wie die Lebensweise Ihrer Katze aussieht, ist es wichtig, dass Sie ein waches Auge auf Veränderungen im üblichen Verhalten haben. Sollte es zu offensichtlichen Verhaltensänderungen kommen, ist es an der Zeit, die Katze zu untersuchen (wie das geht, erfahren Sie später). Wenden Sie sich im Zweifelsfall immer an Ihren Tierarzt!

ERBLICH BEDINGTE KRANKHEITEN

Verglichen mit vielen anderen Tierarten hat der Mensch bei der Zucht von Katzen nur wenig eingegriffen. Dadurch ergeben sich bei Katzen kaum erblich bedingte Krankheiten. Gelegentlich treten aber dennoch anlagebedingte Erkrankungen von Augen, Nieren und Gelenken auf. Wenn Sie eine Rassekatze haben, sollten Sie sich nach gesundheitlichen Problemen erkundigen, die bei dieser Rasse verstärkt auftreten.

ALTER UND GESCHLECHT IHRER KATZE

Bei Katzenkindern besteht ein höheres Risiko in Gefahr zu geraten als bei Katzen – entfernen Sie mögliche Gefahrenquellen aus ihrer Reichweite.

Vor allem für ältere Katzen ist eine halbjährliche Vorsorgeuntersuchung beim Tierarzt wichtig.

Was Ihre Katze erlebt, ist auch von ihrem Alter und Geschlecht abhängig. Alle Katzen haben hin und wieder Unfug im Sinn, aber bei jungen Katzen ist das Risiko für Verletzungen, Unfälle und Vergiftungen viel höher als bei erfahrenen Tieren. Wird eine Katze rollig, benimmt sie sich mitunter seltsam – denken Sie daran, ehe Sie schlussfolgern, dass ein medizinisches Problem vorliegt.

ALTERSBEDINGTE VERHALTENSÄNDERUNGEN

Die Lebenserwartung von Katzen ist heutzutage länger als je zuvor. Tatsächlich ist die Altersheilkunde mittlerweile zu einem tiermedizinischen Fachgebiet geworden. Mit zunehmendem Alter wird sich Ihre Katze vielleicht mehr zurückziehen und anspruchsvoller oder langsamer werden. Auch ihre Vorlieben in puncto Futter können sich verändern.

Sie sollten allerdings nicht jede Verhaltensänderung einer älteren Katze als altersbedingt abtun. Änderungen in Bezug auf Appetit und Aktivität können auch durch Krankheiten wie eine Schilddrüsenüberfunktion oder Nierenschäden hervorgerufen werden. Es kann schwierig sein, zwischen alters- und krankheitsbedingten Veränderungen zu unterscheiden. Veränderungen am Auge können beispielsweise durch eine Vermehrung des Bindegewebes in der Linse (Sklerose, eine altersbedingte Erscheinung) oder aber durch Virusinfektionen (Krankheiten) entstehen.

Wenn Sie eine ältere Katze haben, die sich nicht normal verhält, und die Symptomübersicht im zweiten Teil nicht weiterhilft, sollten Sie sich unbedingt an Ihren Tierarzt wenden. Ein rechtzeitiger Besuch beim Tierarzt hat schon manches Katzenleben verlängert.

KATZE ODER KATER?

Sie sollten unbedingt in der Lage sein, geschlechtsspezifisches Verhalten Ihrer Katze zu verstehen und von Krankheiten zu unterscheiden.

Eine rollige Katze hält für ihren nichtsahnenden Besitzer manche Überraschung parat. Sie könnte stöhnen, wimmern oder ihr Hinterteil so über den Boden schleifen, als sei sie verletzt. Die Katze könnte auch mehr trinken, wählerisch beim Futter werden und häufiger Urin absetzen – vielleicht auch außerhalb des Katzenklos. All diese Verhaltensänderungen können durch Sexualhormone bedingt und somit normal sein. Die Ablehnung von Futter, erhöhter Wasserbedarf und Depressionen können aber auch Anzeichen für eine lebensbedrohliche Gebärmutterinfektion sein. Wenn Ihre Katze nicht kastriert ist, sollten Sie sich mit ihrem Verhalten bei starker Hormonaktivität vertraut machen, um Anzeichen für eine Erkrankung schnell erkennen zu können. Bei unkastrierten Katern kann die Anwesenheit einer rolligen Katze drastische Auswirkungen haben. Es ist nicht ungewöhnlich, dass sie wild werden, anfangen, das Revier mit stechend riechendem Urin zu markieren, und draußen andere Kater angreifen. Sogar zeitweise Futterverweigerung ist möglich.

KATZEN KASTRIEREN

Bei Katzen findet der Eisprung nur nach einer Paarung statt. Paart sich eine Katze nicht, folgt wenige Wochen später die nächste Rolligkeit. Diese setzt sich fort, bis es zur Paarung kommt. Kastrierte Katzen verfügen über eine längere Lebenserwartung. Eine frühe Kastration verringert das Risiko eines Gesäugetumors, der häufigsten Krebserkrankung bei Katzen. Gebärmutterinfektionen werden ausgeschlossen, ebenso wie Krebserkrankungen der Fortpflanzungsorgane. Außerdem bleibt bei kastrierten Katzen die Brunst aus!

KATER STERILISIEREN

Das Kastrieren verlängert auch das Leben von Katern. Das Risiko seltener Prostataerkrankungen wird verringert, vor allem aber kommt es durch die Kastration seltener zu Kämpfen mit anderen Katern, bei denen durch Speichel mitunter tödliche Infektionen übertragen werden. Vor allem: Nach der Kastration markiert der Kater sein Revier nicht mehr und der Urin riecht weniger stark!

Kater reagieren oft aggressiv auf die Anwesenheit einer rolligen Katze.

DIE KATZE UNTERSUCHEN

Um herauszufinden, was Ihrer Katze fehlt, müssen Sie sie untersuchen. Meist ist das ganz einfach, hat Ihre Katze jedoch Schmerzen oder Angst, wird sie sich vielleicht nicht festhalten oder berühren lassen wollen. Beim Festhalten sollten Sie sanft vorgehen, um nicht gekratzt oder gebissen zu werden.

DAS ANFASSEN

Sie sollten Ihre Katze von Anfang an daran gewöhnen, sich gründlich untersuchen zu lassen. Am besten bauen Sie Untersuchungsschritte als feste Bestandteile in das tägliche Spiel ein. Gehen Sie dabei schrittweise vor – eine vollständige Untersuchung ist oft eine Überforderung. Fangen Sie also besser damit an, einzelne Körperteile wie Kopf und Hals oder Haut und Fell zu untersuchen. Gewöhnen Sie Ihre Katze daran, angefasst, hochgenommen und getragen zu werden, indem Sie sie mit Leckerbissen belohnen. Warme Leberstückchen, Garnelen und andere Gaumenfreuden eignen sich hervorragend dazu.

Bringen Sie Ihrer Katze bei, eine Untersuchung mit einer leckeren Belohnung in Verbindung zu bringen.

WIE MAN EINE RUHIGE KATZE FESTHÄLT

Halten Sie Ihre Katze, indem Sie eine Hand unter ihr Kinn legen. Mit dem Ellbogen des anderen Armes üben Sie leichten Druck auf den Körper der Katze aus, während Sie sie mit dieser Hand untersuchen.

Sie halten die Katze fest, indem Sie eine Hand sanft unter ihr Kinn legen und den Kopf festhalten.

DIE KATZE UNTERSUCHEN

FESTHALTEN EINER ÄNGSTLICHEN KATZE

Üben Sie immer so wenig Gewalt wie möglich aus. Mit Zwang erreicht man bei Katzen nur das Gegenteil – sie wehren sich!

Reden Sie beruhigend auf Ihre Katze ein, während Sie sich nähern. Starren Sie sie nicht an – das kann als Bedrohung aufgefasst werden. Achten Sie auf die Körpersprache der Katze. Vermeiden Sie Kratz- und Bissverletzungen. Im Zweifelsfall benutzen Sie ein großes Handtuch, um sie hochzuheben.

1 Setzen Sie die Katze auf ein Badetuch, eine Decke, ein Laken oder Ähnliches. Halten Sie die Katze am Genick fest.

2 Wickeln Sie den Stoff fest um die Katze, sodass sie nicht kratzen oder beißen kann.

3 Sorgen Sie dafür, dass der Kopf frei, der Rest des Körpers aber fest eingewickelt ist. Halten Sie den Stoff am Nacken zusammen. Untersuchen Sie die Katze erst, wenn sie ganz ruhig ist.

DIE GESUNDHEIT IHRER KATZE

DARAUF SOLLTEN SIE ACHTEN

TIPP VOM ARZT

GEWICHT KONTROLLIEREN

Sie sollten ständig ein Auge auf das Gewicht Ihres Haustiers haben. Dazu ist eine genaue Waage erforderlich. Ein Gewichtsverlust von 225 g erscheint nicht dramatisch, für eine Durchschnittskatze ist das jedoch so viel, wie wenn ein Mensch 7 kg verliert. Ein plötzlicher Gewichtsverlust ist ein sicheres Zeichen dafür, dass mit Ihrer Katze etwas nicht stimmt.

In folgenden Fällen sollten Sie innerhalb von 24 Stunden Ihren Tierarzt aufsuchen:

Gewichtsverlust und:
- Fieber
- Lethargie
- Erbrechen
- Durchfall
- Lahmheit
- Verändertes Fress- oder Trinkverhalten

Gewichtszunahme und:
- Lethargie
- Gesteigerter Durst
- Appetitlosigkeit
- Stumpfes Fell
- Haarausfall
- Schütteln oder Zittern
- Erbrechen

Meist erfassen Sie intuitiv durch Beobachten, Zuhören und Riechen, wie Ihre Katze sich fühlt. Weitere Erkenntnisse bekommen Sie, wenn Sie bei der Untersuchung Ihrer Katze etwas Ungewöhnliches entdecken. Das ist viel leichter, wenn sie sich bereitwillig untersuchen lässt.

Um die Launen und das Verhalten Ihrer Katze zu verstehen, muss sie Ihnen vertraut werden. Schreiben Sie Ihre Beobachtungen auf. Führen Sie über die Untersuchungen Buch und nehmen Sie Ihre Notizen mit zum Tierarzt, wenn Sie seine Hilfe brauchen. Anhand der folgenden Tabelle können Sie sich bei Ihrer Untersuchung orientieren.

EINE UNTERSUCHUNG VOM KOPF BIS ZUR PFOTE

BEOBACHTUNG	AUFZEICHNUNG
Beobachten Sie Verhalten und Reaktionen Ihrer Katze.	Veränderungen notieren
Achten Sie auf die Geräusche, die Ihre Katze von sich gibt.	Veränderungen notieren und notfalls aktiv werden
Beobachten Sie Aktivitäten und Bewegungen Ihrer Katze.	Veränderungen notieren und notfalls aktiv werden
Prüfen Sie den Geruch Ihrer Katze am ganzen Körper.	Veränderungen notieren
Messen Sie Puls- und Atemwerte Ihrer Katze.	Werte notieren
Überprüfen Sie die Schleimhäute auf Farbe und Kapillardruck.	Werte notieren
Ziehen Sie die Nackenhaut hoch.	Beobachtung notieren

DARAUF SOLLTEN SIE ACHTEN

EINE UNTERSUCHUNG VOM KOPF BIS ZUR PFOTE

BEOBACHTUNG | AUFZEICHNUNG

Beobachtung	Aufzeichnung
Untersuchen Sie Augen, Ohren, Maul und Nase Ihrer Katze.	Beobachtungen notieren
Untersuchen Sie Kopf und Hals Ihrer Katze.	Beobachtungen notieren
Untersuchen Sie Rumpf und Gliedmaßen inklusive Pfoten und Krallen.	Beobachtungen notieren
Untersuchen Sie Schwanz, After, Vulva, Gesäuge oder Penis, Hoden und Vorhaut.	Beobachtungen notieren
Untersuchen Sie das Fell und die Haut Ihrer Katze.	Alle Fremdkörper entfernen und Veränderungen notieren
Beobachten Sie die Ausscheidungen Ihrer Katze.	Beobachtungen notieren
Überwachen Sie die Toilettengewohnheiten Ihrer Katze.	Veränderungen notieren
Überwachen Sie Fress- und Trinkverhalten.	Veränderungen notieren
Wiegen Sie Ihre Katze.	Gewicht notieren

VERSTÄNDIGUNG OHNE WORTE

Menschen, die nie mit Tieren zusammengelebt haben, staunen darüber, dass die Kommunikation zwischen einer Katze und ihrem Besitzer keiner Worte bedarf.

Die Art und Weise, in der wir unsere Tiere verstehen, ähnelt jener, in der wir unsere Kinder verstehen, ehe sie sprechen lernen. Durch Instinkt und später auch Erfahrung wissen wir, wie es einem Säugling geht oder was er braucht.

In gewisser Weise sind Katzen ihr ganzes Leben lang Säuglinge. Mit der Zeit verbessert sich ihre Fähigkeit, uns ihre Empfindungen mitzuteilen, ebenso wie unser Verständnis dafür, was unsere Katze ausdrücken will. Mit zunehmender Erfahrung fällt der wortlose Gedankenaustausch mit der Katze immer leichter.

Notieren Sie jede Veränderung im Trinkverhalten Ihrer Katze. Übermäßiges Trinken kann ein Anzeichen für eine Erkrankung sein.

DIE GESUNDHEIT IHRER KATZE

EINFACHE MASSNAHMEN

Eine kranke oder verletzte Katze benötigt mitunter verschreibungspflichtige Medikamente. Wenn Sie sie dazu bekommen wollen, die Medizin zu nehmen, müssen Sie sanft, aber zielstrebig vorgehen. Am besten setzen Sie das Tier auf einen Tisch und bitten jemanden um Hilfe. Ist die Katze mild oder verängstigt, können Sie sie, wie auf Seite 15 gezeigt, in ein Handtuch wickeln. Versuchen Sie nicht, Ihrer Katze eine Tablette ins Futter zu mischen. Das Tier wird die Pille vermutlich entdecken und das Fressen verweigern.

VERABREICHEN VON TABLETTEN

Werden Tabletten oder andere Medikamente verabreicht, sollte sich das Tier nicht bewegen können. Bitten Sie also nach Möglichkeit jemanden um Hilfe. Drücken Sie die Katze nicht zu fest und sprechen Sie mit beruhigender Stimme zu ihr.

KRATZKRANKHEIT

Diese seltene Infektion wird durch Bakterien namens *Bartonella henselae* hervorgerufen und kann durch Beißen oder Kratzen auf Menschen übertragen werden.

Bei Katzen kommt es nur selten zu klinischen Erkrankungen, bei Kindern oder Menschen mit geschwächtem Immunsystem kann es dagegen zu Fieber sowie schmerzenden und geschwollenen Lymphdrüsen kommen.

Die Krankheit kann mit Antibiotika behandelt werden. Vermutlich wird sie durch Flöhe übertragen – ein weiterer Grund, Flohbefall zu verhindern.

1 Während das Tier festgehalten wird, umfassen Sie von oben den Kopf, ohne in die Schnurrhaare zu greifen.

2 Halten Sie den Kopf zwischen Daumen und Zeigefinger und drücken Sie ihn nach hinten. Üben Sie leichten Druck auf den Kiefer aus, um das Maul zu öffnen.

3 Legen Sie die Tabletten so weit wie möglich nach hinten auf die Zunge der Katze.

4 Halten Sie der Katze das Maul zu und streicheln Sie sanft ihren Hals, um sie zum Schlucken zu ermuntern.

Halten Sie den Kopf der Katze von oben, während ein Helfer ihren Körper mit sanftem Druck ruhig hält.

EINFACHE MASSNAHMEN

FLÜSSIGE MEDIZIN

Flüssige Medizin lässt sich gut mit einer Plastikspritze verabreichen. Während Sie den Kopf der Katze auf einer Seite festhalten, spritzen Sie die zuvor abgemessene Dosis langsam in ihr Mäulchen, damit sie sich nicht verschluckt.

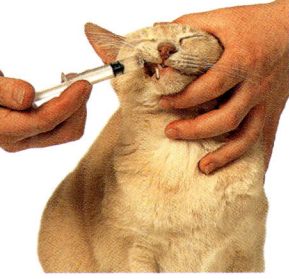

Halten Sie den Kopf der Katze fest, während Sie die Spritze zwischen den Zähnen des Tieres einführen.

OHRENTROPFEN

Hat der Tierarzt Tropfen gegen ein Ohrenleiden verschrieben, sollten Sie diese gemäß der Anleitung so schnell und so vorsichtig wie möglich verabreichen.

1 Wischen Sie Schmutz oder Ablagerungen mit einem feuchten Wattebausch aus den Ohren.

2 Halten Sie den Kopf der Katze fest, drücken Sie die Ohren nach hinten und verabreichen Sie die Tropfen in beide Ohren.

3 Stechen Sie der Katze nicht mit der Pipette ins Auge. Zum Schluss Ohren sanft massieren.

AUGENTROPFEN

Stellt der Tierarzt ein Augenleiden fest, kann es nötig werden, zu Hause Augentropfen zu verabreichen. Halten Sie sich an die Empfehlung des Arztes.

1 Reinigen Sie die Augenregion vorsichtig mit einem feuchten Wattebausch. Etwaige Rückstände und Verklebungen entfernen.

2 Träufeln Sie die verschriebene Menge an Tropfen in beide Augen, während Sie den Kopf mit einer Hand fixieren.

3 Lassen Sie die Tropfen einen Moment einwirken. Halten Sie dabei die Augen der Katze geschlossen.

Massieren Sie die Tropfen kurze Zeit ein.

Halten Sie den Kopf der Katze nach oben und ihre Augen offen.

VERSTECKTE BOTSCHAFTEN

Es gibt wichtige Indikatoren für den aktuellen Gesundheitszustand einer Katze, die jedoch oft übersehen werden: Die Farbe von Zahnfleisch oder Augenbindehaut der Katze, die kapillare Einstromzeit (die Zeit, die vergeht, bis das Blut wieder ins Zahnfleisch zurückfließt, nachdem man Druck ausgeübt hat) und die Elastizität der Haut im Nacken der Katze. All diese Zeichen liefern wertvolle Hinweise auf die Gesundheit Ihres Haustiers. Eine Katze, die sich erbricht, bei der aber Zahnfleischfarbe und kapillare Einstromzeit unauffällig sind, ist meist nicht ernsthaft krank, im Gegensatz zu einer sich erbrechenden Katze, bei der das Zahnfleisch bleich, weiß, rot oder blau ist. Wenn Sie regelmäßig auf diese Indikatoren achten, können Sie Krankheitssymptome schnell erkennen.

TIPP VOM ARZT

KONTROLLIEREN SIE DIE AUGENBINDEHAUT

Lässt sich Ihre Katze nur ungern am Maul berühren, kontrollieren Sie die Augenbindehaut statt des Zahnfleischs. Ziehen Sie dazu vorsichtig die Haut unterhalb des Auges nach unten. Bei gesunden Katzen ist die Bindehaut rosafarben.

FLÜSSIGKEITSHAUSHALT PRÜFEN

Was bedeutet es, wenn die Haut nicht sofort zurückschnellt?

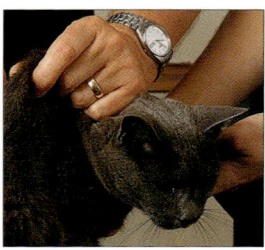

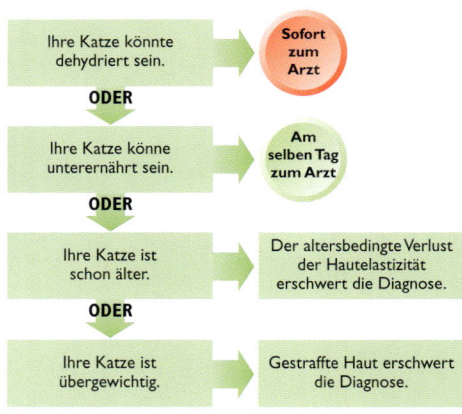

Die Elastizität der Haut im Nacken der Katze lässt Rückschlüsse auf den Flüssigkeitshaushalt zu. Zieht man die Haut bei einer gesunden Katze nach oben, schnellt sie sofort nach dem Loslassen zurück. Bei älteren oder übergewichtigen Tieren tasten Sie das Zahnfleisch ab. Fühlt es sich trocken und klebrig an, sollten Sie einen Tierarzt aufsuchen.

VERSTECKTE BOTSCHAFTEN

FARBE VON ZAHNFLEISCH UND LEFZEN

Welche Farbe haben Zahnfleisch und Lefzen Ihrer Katze? Was bedeutet das?

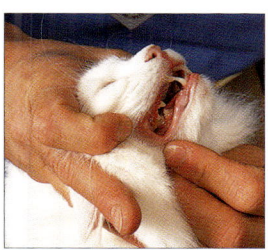

Die Farbe des Zahnfleischs zeigt an, wie viel Sauerstoff sich im Blut befindet. Ziehen Sie eine Lefze nach oben und achten Sie auf die Farbe von Zahnfleisch oder Lefzen. Bereiche mit schwarzer Pigmentierung haben keine Bedeutung.

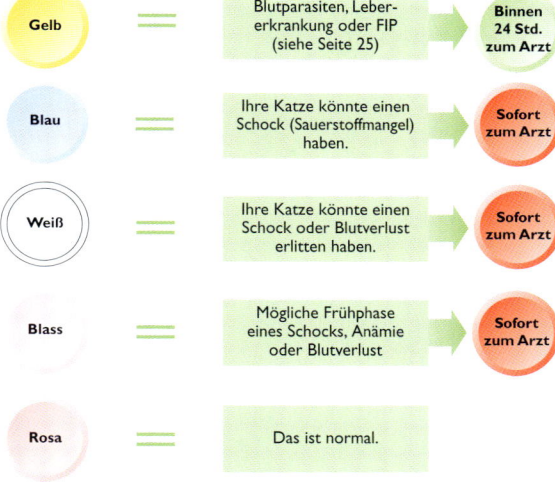

- **Gelb** = Blutparasiten, Lebererkrankung oder FIP (siehe Seite 25) → **Binnen 24 Std. zum Arzt**
- **Blau** = Ihre Katze könnte einen Schock (Sauerstoffmangel) haben. → **Sofort zum Arzt**
- **Weiß** = Ihre Katze könnte einen Schock oder Blutverlust erlitten haben. → **Sofort zum Arzt**
- **Blass** = Mögliche Frühphase eines Schocks, Anämie oder Blutverlust → **Sofort zum Arzt**
- **Rosa** = Das ist normal.
- **Rot** = Evtl. Kohlenmonoxid-Vergiftung, Fieber, Infektion oder Blutung im Maul → **Sofort zum Arzt**

KONTROLLE DER KAPILLAREN EINSTROMZEIT

Wie lange bleibt das Zahnfleisch Ihrer Katze nach Druckausübung blass? Was bedeutet das?

Übt man mit dem Finger leichten Druck auf das Zahnfleisch aus, wird es bei normaler Blutzirkulation blass. Nimmt man den Druck weg, strömt das Blut sofort wieder in den Bereich zurück.

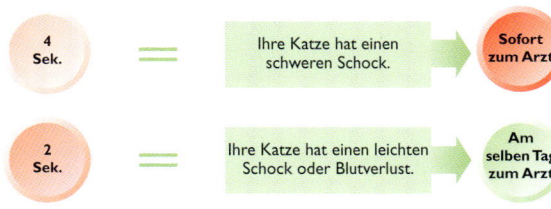

- **4 Sek.** = Ihre Katze hat einen schweren Schock. → **Sofort zum Arzt**
- **2 Sek.** = Ihre Katze hat einen leichten Schock oder Blutverlust. → **Am selben Tag zum Arzt**
- **1–2 Sek.** = Das ist normal.
- **Unter 1 Sek.** = Ihre Katze könnte Bluthochdruck haben. → **Binnen 24 Std. zum Arzt**

IMPFUNGEN

Der Schutz, den Impfungen vor Infektionskrankheiten bieten, zählt zu den größten medizinischen Erfolgen des 20. Jahrhunderts. Krankheiten, die früher tödlich verliefen oder Behinderungen verursachten – Polio bei Kindern, Staupe bei Hunden und Katzenseuche – sind dort, wo Schutzimpfungen üblich sind, so gut wie ausgerottet. Dank Routineimpfungen brauchen Sie sich wegen einer Vielzahl an Infektionskrankheiten keine Sorgen mehr zu machen. Sprechen Sie mit Ihrem Tierarzt über die nötigen Impfungen und fragen Sie nach, in welchen zeitlichen Abständen sie aufgefrischt werden müssen.

Sollte Ihre erwachsene Katze keine Grundimmunisierung bzw. gar keinen Impfschutz haben, ist es dafür in keinem Alter zu spät. Sie sollten in jedem Fall auch eine ausgewachsene Katze impfen lassen – Ihr Tierarzt wird Sie entsprechend beraten können.

Allgemein gilt: Tierhalter sollten sich gut informieren, um mit ihrem Tierarzt ein sinnvolles Impfschema für ihre Katze individuell zu vereinbaren.

MÖGLICHE RISIKEN BEIM IMPFEN

Jeder tierärztliche Eingriff birgt ein gewisses Risiko. Die Frage, die Sie sich stellen müssen, lautet: »Was für ein Risiko entsteht durch eine Impfung, und in welchem Verhältnis steht es zur Gefahr bei Nichtimpfung?«

Wissenschaftliche Erkenntnisse
Ein von amerikanischen Katzen-Experten im Jahr 2000 veröffentlichter Bericht spricht sich gegen polyvalente Impfungen (mit verschiedenen Impfstoffen) aus, mit Ausnahme der Impfung, die gleichzeitig vor Katzenschnupfen und Katzenseuche schützt. Die Expertenkommission begründete dies damit, dass »polyvalente Impfungen Impfstoffe enthalten können, die der Patient gar nicht benötigt« und dass »eine erhöhte Menge an Antigenen auch die Wahrscheinlichkeit von Nebenwirkungen und Impffolgen erhöht«.

Sarkome als Nebenwirkungen
Eine der Nebenwirkungen, auf die sich der Bericht bezieht, ist das Auftreten eines Hauttumors an der Injektionsstelle. Diese so genannten Sarkome treten verstärkt in den USA auf, wo in Impfstoffen gegen Leukämie und Tollwut ein Zusatzmittel enthalten ist, das ihre Wirksamkeit erhöht.

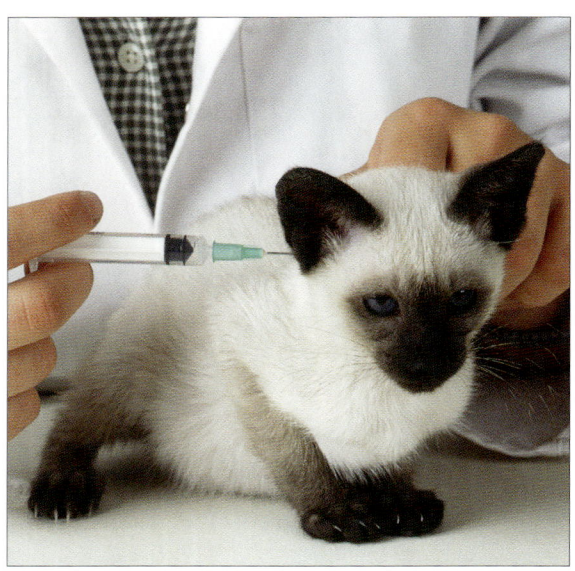

Routineimpfungen können Ihre Katze gegen eine Vielzahl von Infektionskrankheiten schützen.

IMPFUNGEN

EMPFOHLENE IMPFUNGEN

Katzenseuche (Panleukopenie)
Katzenseuche ist auch unter der Bezeichnung Panleukopenie bekannt und wird von Parvoviren verursacht. Eine Impfung wird für alle Katzen dringend empfohlen. Ein Jahr nach der Erstimpfung sollte eine Auffrischung erfolgen, weitere Impfungen nach Rat des Tierarztes.

Katzenschnupfen
Der Begriff »Katzenschnupfen« bezieht sich besonders auf zwei Viruserkrankungen: das Rhinovirus und das Calicivirus. Eine Impfung gegen beide Viren wird für alle Katzen dringend empfohlen. Ein Jahr nach der Erstimpfung sollte eine Auffrischung erfolgen, im Anschluss daran nach Rat des Tierarztes.

Tierärzte sollten Katzenbesitzer darauf hinweisen, dass eine Impfung die Erkrankung lediglich abschwächt und keine vollständige Immunität bietet. Außerdem gibt es mehrere Calicivirusstämme, und die zurzeit erhältlichen Impfstoffe schützen nicht gegen alle.

Katzenleukose (FeLV/Leukämie)
Eine Impfung wird nur für gefährdete Katzen empfohlen – solche, die sich draußen aufhalten und solche, die in Katzenheimen oder Wohnungen leben, in die oft neue Katzen kommen. Für sie wird eine jährliche Impfung empfohlen. Für Katzen, bei denen das Risiko, mit dem Speichel infizierter Katzen in Berührung zu kommen, gering oder gar nicht vorhanden ist, wird diese Impfung nicht empfohlen.

Tierärzte sollten Katzenbesitzer darauf hinweisen, dass die Impfung nicht bei allen Katzen anschlägt. Der beste Schutz besteht darin, Kontakt mit infizierten Katzen zu vermeiden.

Chlamydien
Hierbei handelt es sich um eine Erkrankung der oberen Atemwege. Eine Routineimpfung ist nicht empfehlenswert, da die Erkrankung nicht schwer ist und sich mit Antibiotika behandeln lässt.

Untersuchungen in den USA und Kanada haben ergeben, dass die Nebenwirkungen bei dieser Impfung größer sind als bei anderen. Aus Europa liegen darüber derzeit noch keine Ergebnisse vor.

Tollwut
Diese Impfung wird für Katzen, die in tollwutgefährdeten Gebieten leben, dringend empfohlen. Ihr Tierarzt wird die Auffrischungen gemäß den Vorgaben des Impfstoffherstellers vornehmen.

WEITERE KRANKHEITEN

Bauchfellentzündung (FIP)
Mittlerweile ist zwar eine Schutzimpfung erhältlich, die intranasal und nicht vor der 16. Lebenswoche verabreicht wird. Da sich die meisten Katzen kurz nach der Geburt anstecken, ist der Wert der Impfung jedoch fraglich.

Katzenimmunschwäche (FIV)
Trotz anhaltender Forschung konnte bislang noch kein Impfstoff gefunden werden.

TIPP VOM ARZT

Die hier gegeben Impfempfehlungen stammen vom amerikanischen Beratungsausschuss für Katzenimpfungen. Die Ratschläge sind im Allgemeinen sinnvoll, im Einzelfall jedoch nicht immer umsetzbar. Erstens benötigen gute Katzenzüchter aktuelle Impfzertifikate, die den Empfehlungen der Impfstoffhersteller (fast immer jährliche Auffrischungen) entsprechen müssen.

Zweitens bestehen auch manche Tierkrankenversicherer auf jährlichen Auffrischungen. Informieren Sie sich bei Ihrer Versicherung und Ihrem Züchter.

INFEKTIONSKRANKHEITEN

Von allen Haustieren können Katzen die gefährlichsten Infektionskrankheiten bekommen. Die Vorbeugung und Behandlung dieser meist viralen Krankheiten ist oft kompliziert und problematisch. Viele schlummern jahrelang im Körper der Katze, ohne Symptome hervorzurufen, oder verschwinden nach dem Auftreten scheinbar wieder, um dann im Alter oder wenn das Tier körperlich oder seelisch geschwächt ist zurückzukehren. Es ist unerlässlich, über die Übertragung von Infektionskrankheiten Bescheid zu wissen, wenn Sie eine Infektion verhindern wollen – vor allem, wenn es um Krankheiten geht, für die es noch keinen Impfschutz gibt.

Virus-Katzenschnupfen führt meist zu Sektretabsonderungen aus Augen und Nase.

KRANKHEIT	SYMPTOME	ÜBERTRAGUNG
Katzenimmunschwäche (FIV) FIV ist nicht so aggressiv wie FeLV und tritt auch nicht in Verbindung mit Tumoren auf. Die Inkubationszeit ist lang, und wie FeLV kann auch FIV tödlich verlaufen.	Die Symptome sind vielfältig. Dazu gehören: • Sekundärinfektionen, verursacht durch eine Vielzahl von Erregern (aufgrund des geschwächten Immunsystems) • Anämie in Verbindung mit Knochenmarksschwund	Da FIV hauptsächlich durch Speichel verbreitet wird, sind Bisse die häufigste Form der Übertragung. Daher haben Kater, die meist kampflustiger sind als Katzen, ein dreimal höheres Risiko als ihre weiblichen Artgenossen.
Katzenseuche (Panleukopenie) Diese hoch ansteckende Infektion, die unter verschiedenen Namen bekannt ist, kann durch Impfung vermieden werden. Wird sie nicht rechtzeitig behandelt, kann sie tödlich verlaufen.	• Schweres Erbrechen und Durchfall, möglicherweise blutig • Lethargie und Teilnahmslosigkeit • Dehydration	Katzenseuche wird durch Sekrete oder Exkremente erkrankter Tiere übertragen, ebenso wie durch kontaminierte Materialien. Die Infektion kann über Wochen oder sogar Monate hinweg weitergegeben werden. Das Virus selbst ist robust, in einem Haus kann es bei Zimmertemperatur bis zu einem Jahr überleben.
Katzenleukose (FeLV) Die lange Inkubationszeit dauert oft Jahre und endet meist in einer schweren, tödlichen Krankheit.	Die Symptome sind vielfältig. Dazu gehören: • Krebs der weißen Blutkörperchen (Lymphom) • Sekundärinfektionen, verursacht durch eine Vielzahl von Erregern (aufgrund des geschwächten Immunsystems) • Anämie in Verbindung mit Knochenmarksschwund	FeLV wird durch Speichel, Urin und andere Sekrete von »Trägerkatzen« übertragen. Meist geht das Virus bei der Geburt von der Mutter auf das Katzenkind über. FeLV kann auch durch anhaltenden, intensiven Kontakt zu infizierten Katzen, ihren Fress- und Trinknäpfen oder ihren Katzentoiletten übertragen werden.

INFEKTIONSKRANKHEITEN

KRANKHEIT	SYMPTOME	ÜBERTRAGUNG

Infektionen der oberen Atemwege

Infektionen dieser Art können von einer Reihe äußerst ansteckender Mikroorganismen hervorgerufen werden. Das Reovirus führt meist nur zu einer leichten Augenentzündung, während Chlamydien schwere Entzündungen hervorrufen, die sich mit antibiotischen Augentropfen behandeln lassen. Calici- und Herpesviren verursachen die schwersten Symptome.

Nach einer Virusinfektion kann eine Katze zum »stillen Überträger« werden – sie selbst scheint gesund, kann aber andere Katzen anstecken. Herpesviren beispielsweise können durch körperlichen oder seelischen Stress aktiviert werden und eine erneute Infektion verursachen.

Zu den Symptomen gehören:
- Niesen, oftmals verbunden mit starker Schleimabsonderung
- Klebrige oder tränende Augen
- Geschwüre und offene Entzündungen im Mund
- Fieber
- Appetitlosigkeit, verbunden mit Verlust des Geruchssinns
- Augenentzündung (verursacht durch das Herpesvirus)
- Lahmheit und geschwollene Gelenke bei Kätzchen (verursacht durch das Calicivirus)

Das Herpesvirus wird durch direkten Kontakt mit einer infizierten Katze oder deren Sekreten und Exkrementen übertragen. Bei Zimmertemperatur bleibt das Virus einen Monat lang ansteckend.

Auch das Calicivirus kann durch direkten Kontakt mit einer infizierten Katze oder mit Gegenständen, die durch Sektrete oder Exkremente kontaminiert wurden, übertragen werden. Im Einzelfall ist auch eine Übertragung durch die Luft möglich.

Chlamydien werden durch Sekrete infizierter Katzen wie Speichel oder Tränen übertragen, während Bordetella, ein Erreger, der Atemwegserkrankungen bei Hunden auslöst, durch die Luft von Hunden auf Katzen übertragen werden kann.

Infektiöse Bauchfellentzündung (FIP)

Vor allem junge Kätzchen werden von dieser Krankheit befallen. Das Virus verursacht zunächst eine leichte Erkrankung oder Durchfall und führt später zum Tode.

Die Symptome für FIP sind vielfältig. Man unterscheidet zwischen »nass« und »trocken«.

Zu nasser FIP gehören:
- Flüssigkeitsbildung im Brustbereich, wodurch die Atmung erschwert wird.
- Flüssigkeitsbildung im Bauch, wodurch dieser anschwillt.
- Fieber, Erbrechen und Durchfall
- Gewichtsverlust

Zu trockner FIP gehören:
- Nierenversagen
- Verdauungsstörungen
- Erkrankungen der Atemwege
- Krampfanfälle
- Lebererkrankungen
- Lahmheit

Kätzchen können sich durch Mund- oder Nasenkontakt mit dem Kot infizierter Katzen anstecken.

Direkt nach der Entwöhnung verursacht das Virus im schlimmsten Fall leichten Durchfall. Später entwickelt es sich zur ernsteren und tödlichen Gefahr.

Tollwut

Diese Krankheit führt unweigerlich zum Tod und ist auch für Menschen äußerst ansteckend.

Die Symptome für Tollwut sind vielfältig. Dazu gehören:
- Lahmheit
- Schluckbeschwerden
- Krampfanfälle
- Gesteigerte Aggressivität oder (selten) Zutraulichkeit

Tollwut wird beim Biss eines infizierten Tieres durch den Speichel übertragen. Katzen haben jedoch von Natur aus eine gewisse Resistenz gegen diese Krankheit. Das Virus ist wenig robust und kann außerhalb des Wirts nicht überleben.

WUNDBEHANDLUNG

Wenn Sie mit einer kranken oder verletzten Katze zum Tierarzt müssen, vergewissern Sie sich, dass sie es bequem hat und sich ihr Zustand durch den Transport nicht verschlechtert. Legen Sie einen vorläufigen Verband an, um etwaige Wunden zu schützen – jedoch nur, wenn Sie der Katze dadurch keine Schmerzen bereiten. Seien Sie bei inneren Verletzungen besonders vorsichtig – sie können mitunter gefährlicher sein als äußerlich sichtbare. Im Notfall rufen Sie Ihren Tierarzt an, um die Situation kurz zu schildern und Ihr Kommen anzukündigen. Dadurch haben der Arzt und sein Team Zeit, sich vorzubereiten. Versuchen Sie unterwegs ruhig zu bleiben. Panik kann Sie und Ihre Katze in Gefahr bringen.

TIPP VOM ARZT

- **Entfernen Sie keine größeren Fremdkörper (wie Pfeile oder Holzstücke) aus einer Wunde – das könnte zu einer unkontrollierbaren Blutung führen.**
- **Benutzen Sie keine Vaseline. Sie lässt sich schlecht entfernen.**
- **Reiben Sie nicht an verletzten Stellen. Dies könnte Blutungen verstärken.**
- **Hinter kleinen Wunden können sich schwere innere Verletzungen verbergen.**

SYMPTOME BEI INNEREN VERLETZUNGEN

Innere Verletzungen fallen nicht so schnell auf wie offene. Sie könnten jedoch schwerwiegend sein, deshalb benötigt ihre Katze umgehend tierärztliche Hilfe.

Achten Sie auf folgende Symptome:

- Schwellung
- Verfärbung, verursacht durch Hämatome unter der Haut
- Schmerzen
- Erhöhte Temperatur in einer bestimmten Körperregion

Sollte Ihre Katze eines der genannten Symptome aufweisen, liegt wahrscheinlich eine innere Verletzung vor. Sie sollten sofort Ihren Tierarzt telefonisch um Rat fragen.

BEI VERDACHT AUF EINE INNERE VERLETZUNG

Sofort zum Arzt

Ist Ihre Katze verletzt, dann legen Sie ihr einen Verband an. So ist die Wunde auf dem Weg zum Tierarzt geschützt.

WUNDBEHANDLUNG

SYMPTOME EINER OFFENEN WUNDE

Manche offenen Wunden fallen nicht sofort auf, besonders wenn sie kaum oder gar nicht bluten. Eine offene Wunde ist schnell durch Bakterien oder Schmutz verunreinigt.

Die Symptome offener Wunden sind:

- Lecken oder Empfindlichkeit an einer bestimmten Stelle
- Frischer Schorf auf der Haut
- Ein Einstich in der Haut
- Blutspur auf dem Fell oder feuchte Haare
- Lahmheit

Fällt Ihnen eines dieser Symptome auf, suchen Sie nach einer Wunde. Falls Sie fündig werden, sollten Sie die Wunde reinigen und Ihren Tierarzt um Rat fragen.

BEHANDLUNG EINER OFFENEN WUNDE

1 Hat Ihre Katze eine offene Wunde, die nicht groß ist, sollten Sie Schmutz, Steinchen, Splitter oder andere Fremdkörper mit den Fingern entfernen.

2 Spülen Sie die Wunde mit etwas warmem Leitungswasser aus.

3 Ragen Haare in die Wunde, müssen sie entfernt werden. Zuvor sollten Sie etwas wasserlösliches Gel auf die Schere geben. Dadurch bleiben die Haare am Metall und nicht an der Wunde kleben.

TIPP VOM ARZT

Achten Sie auf einen möglichen Schockzustand bei Ihrer Katze, besonders dann, wenn sie eine geschlossene Wunde hat, die aus einer Verletzung resultiert. Ein Schock kann lebensbedrohlich sein. Die Behandlung eines Schocks und seiner Ursachen haben absolute Priorität.

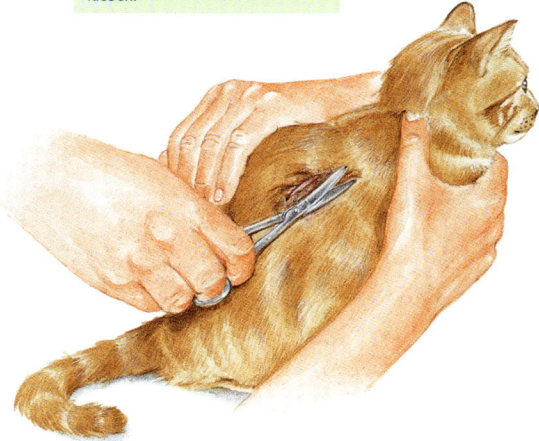

Vor der Behandlung einer offenen Wunde sollten Sie die angrenzenden Haare abschneiden (siehe Schritt 3).

EKTOPARASITEN

Parasiten wie Zecken, Flöhe, Läuse und Ohrmilben sind mit bloßem Auge erkennbar. Andere, darunter weitere Milbenarten, Hefe- und andere Pilzinfektionen, sind nicht ohne weiteres zu entdecken. Sie können Juckreiz mit oder ohne Entzündung hervorrufen, ebenso Hautentzündungen, stumpfes Fell und Haarausfall. Außerdem können Ektoparasiten schwere, mitunter sogar lebensbedrohliche Krankheiten verursachen.

Dank der Fortschritte in der Parasitenbekämpfung müsste heute keine Katze mehr unter Hautparasiten leiden. Leider kommen sie trotzdem immer noch vor.

Übliche Symptome

- Weist die Haut der Katze braungraue, warzenartige Anhängsel auf? **JA** → Ihre Katze hat Zecken. → Sofort alle Zecken entfernen.
  NEIN
- Kratzt und schüttelt die Katze Ohren oder Kopf? Ist Schmalz in den Ohren? **JA** → Ihre Katze hat Ohrmilben (siehe gegenüberliegende Seite). → Verwenden Sie eine Milbentinktur.
  NEIN
- Gibt es am Körper kreisförmige, von Haarausfall betroffene Stellen? **JA** → Möglicherweise Ringelflechte oder Flohdermatitis → Binnen 24 Std. zum Arzt
  NEIN

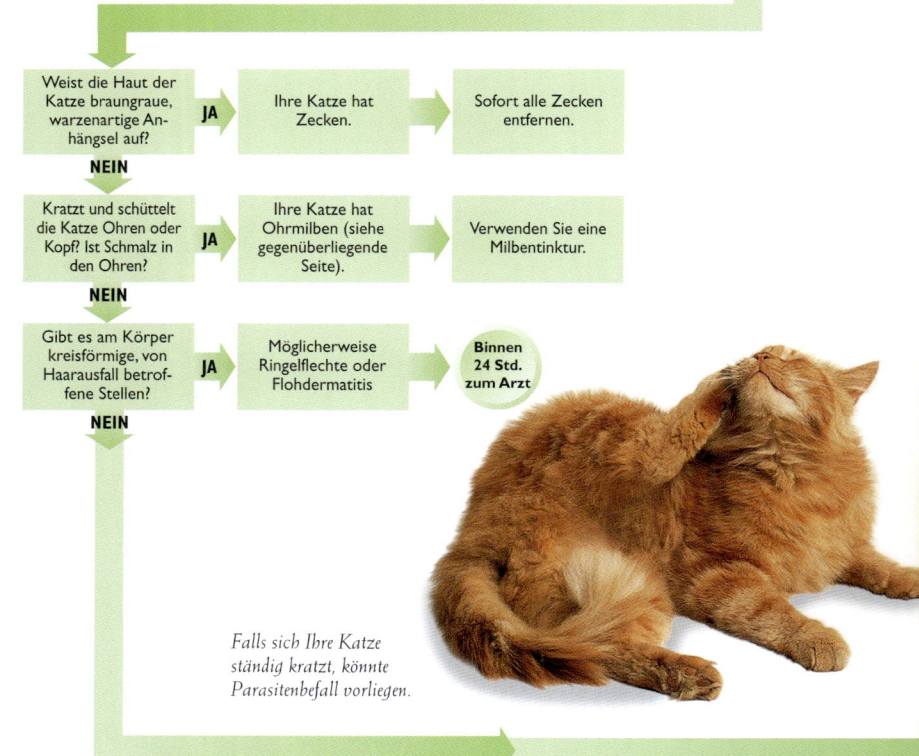

Falls sich Ihre Katze ständig kratzt, könnte Parasitenbefall vorliegen.

EKTOPARASITEN

WIE KATZE UND HAUS FLOHFREI WERDEN

Fortpflanzungsstopp
Verabreichen Sie Lufenuron – als Injektion oder als Tinktur. Flöhe werden nach dem Biss dadurch sofort unfruchtbar. Wenn sie absterben, sind sowohl Ihre Katze als auch Ihr Haus flohfrei.

Dieses Mittel ist keine Hilfe für Katzen, die unter einer Flohspeichelallergie leiden. Dann müssen die Flöhe vernichtet werden, ehe sie die Katze beißen.

Flohkiller
Verwenden Sie ein lokales Mittel wie Imidocloprid, Fipronyl oder Selamectin. Geben Sie monatlich einige Tropfen auf den Hals. Selamectin tötet auch Ohrmilben und Ringelflechten. Fipronyl ist auch für Zecken tödlich. Ein parallel verwendetes biologisches Insektenspray vernichtet die Floheier.

SO WERDEN SIE OHRMILBEN LOS

Ohrmilben treten bei Katzen sehr häufig auf. Viele Kätzchen und wild lebenden Katzen bekommen sie durch ihre Mütter oder Katzen aus der Nachbarschaft.

- Ohrmilben auszumerzen dauert. In den Ohren lassen sich mit Milbentropfen oder einem Tropfen Selamectin im Nacken bekämpfen. Dies hilft nicht gegen Milben, die sich außerhalb des Gehörgangs befinden.
- Ohrmilben sind äußerst ansteckend. Ist eine Ihrer Katzen befallen, sollten Sie alle Ihre Katzen und Hunde behandeln.
- Setzen Sie die Behandlung mindestens zwei Wochen lang fort, um Milben nachhaltig zu beseitigen.

MENSCHEN UND PARASITEN

Manche Parasiten befallen auch den Menschen:

- Flöhe und Zecken fühlen sich bei Menschen genauso wohl wie bei Katzen.
- Ohrmilben können auf menschlicher Haut Reizungen und Entzündungen hervorrufen.
- Ringelflechten sind hoch ansteckend. Sie können von der Katze auf Menschen und umgekehrt übertragen werden. Personen mit Immunschwäche sind besonders gefährdet. Langhaarige Katzen sind anfälliger, auch wenn sie oft keine Symptome aufweisen.

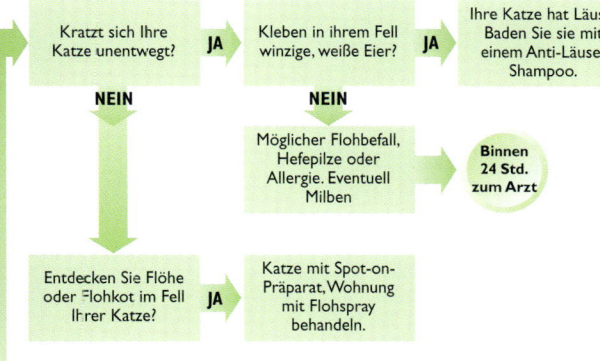

PRAKTISCHER TIPP

Entsorgen Sie nach dem Staubsaugen den Staubsaugerbeutel – er könnte Floheier enthalten.

ENDOPARASITEN

Manche Darmparasiten, vor allem die mikroskopisch kleinen, fallen erst auf, wenn sie bereits Schaden angerichtet haben. Der Mikroorganismus *Toxoplasma gondii* kann durch infizierten Kot auch auf Menschen übertragen werden. Giardia ist heute weltweit verbreitet. Endoparasiten lassen sich durch wirksame und sichere Wurmpräparate verhindern.

Übliche Symptome

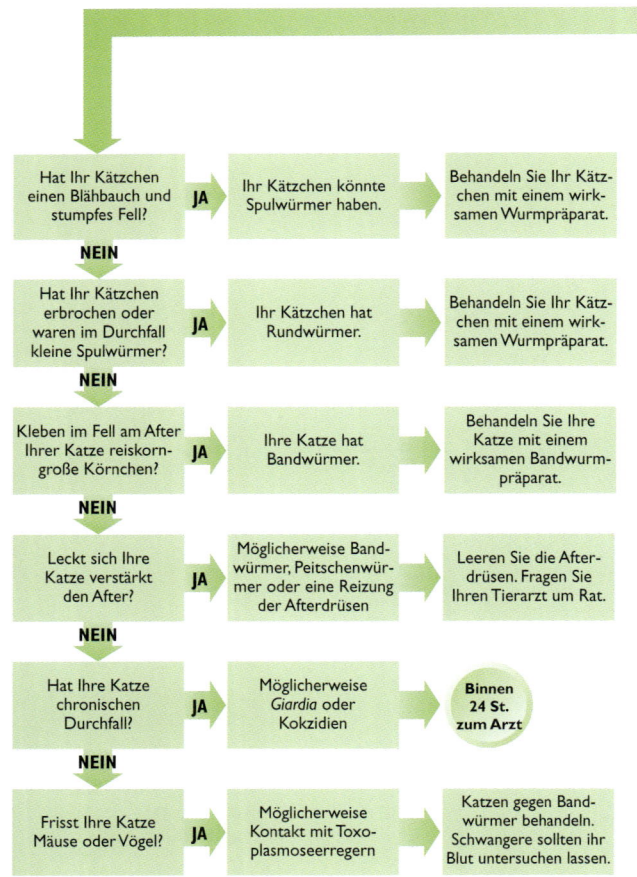

Hat Ihr Kätzchen einen Blähbauch und stumpfes Fell? **JA** → Ihr Kätzchen könnte Spulwürmer haben. → Behandeln Sie Ihr Kätzchen mit einem wirksamen Wurmpräparat.

NEIN

Hat Ihr Kätzchen erbrochen oder waren im Durchfall kleine Spulwürmer? **JA** → Ihr Kätzchen hat Rundwürmer. → Behandeln Sie Ihr Kätzchen mit einem wirksamen Wurmpräparat.

NEIN

Kleben im Fell am After Ihrer Katze reiskorngroße Körnchen? **JA** → Ihre Katze hat Bandwürmer. → Behandeln Sie Ihre Katze mit einem wirksamen Bandwurmpräparat.

NEIN

Leckt sich Ihre Katze verstärkt den After? **JA** → Möglicherweise Bandwürmer, Peitschenwürmer oder eine Reizung der Afterdrüsen → Leeren Sie die Afterdrüsen. Fragen Sie Ihren Tierarzt um Rat.

NEIN

Hat Ihre Katze chronischen Durchfall? **JA** → Möglicherweise *Giardia* oder Kokzidien → **Binnen 24 St. zum Arzt**

NEIN

Frisst Ihre Katze Mäuse oder Vögel? **JA** → Möglicherweise Kontakt mit Toxoplasmoseerregern → Katzen gegen Bandwürmer behandeln. Schwangere sollten ihr Blut untersuchen lassen.

ENDOPARASITEN

EINZELLIGE DARMPARASITEN

Es gibt zwei einzellige Parasiten, von denen Katzen befallen werden können:

- *Giardia* verursacht Durchfall und ist auch auf Menschen übertragbar. Katzen und Menschen können sich durch das Trinken von verseuchtem Wasser infizieren. Katzen stecken sich auch durch das Fressen von Kleintieren oder das Lecken der schmutzigen Pfoten an.

- *Toxoplasma* bereitet der infizierten Katze nur selten Probleme. Durch verseuchten Katzenkot kann der Erreger auf Menschen übertragen werden und stellt eine besondere Gefahr für Schwangere (der Fötus kann schwere gesundheitliche Schäden davontragen) und Menschen mit Immunschwäche dar.

Schwangere sollten beim Reinigen des Katzenklos, bei der Gartenarbeit und vor allem beim Umgang mit rohem Fleisch immer Gummihandschuhe tragen. Nicht durchgebratenes Fleisch sollte gemieden werden, da dies der häufigste Übertragungsweg für Toxoplasmose beim Menschen ist.

Prävention und Behandlung
Behandeln Sie *Giardia* mit Fenbendazol.
Gegen Toxoplasmose gibt es kein einfaches Mittel. Hauskatzen haben aber ein geringes Infektionsrisiko, solange sie keine Nagetiere fressen.

GROSSE DARMPARASITEN

Spulwürmer sind etwa so groß wie kleine Regenwürmer. Kätzchen bekommen sie oft von ihren Müttern, entweder über die Plazenta oder über die Muttermilch. Sie sind bei jungen Katzen die häufigsten Parasiten.

Bei erwachsenen Katzen kommen Bandwürmer am häufigsten vor. Der Wurm wird durch das Verschlucken eines Flohs übertragen. Hat Ihre Katze Flöhe, leidet sie wahrscheinlich auch unter Bandwürmern.

Andere Würmer wie Haken- und Peitschenwürmer kommen bei Katzen nur selten vor.

Vorbeugung und Behandlung
Verwenden Sie Präparate wie Imidocloprid oder Selamectin, um Flöhe, die Überträger des Bandwurms, zu bekämpfen.

Verschreibungspflichtige Medikamente haben sich ausgezeichnet gegen die häufigsten Wurmarten bewährt, so Praziquantel bei Band- und Spulwürmern sowie Fenbendazol bei Spulwürmern. Die Medikamente lassen sich entweder präventiv oder therapeutisch einsetzen, je nach Bedarf.

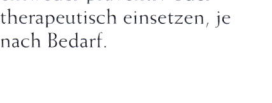
Verabreichen Sie Ihrer Katze ein Wurmpräparat, um Endoparasiten vorzubeugen.

BEFALL VON HERZWÜRMERN

Katzen können auch von Würmern befallen werden, die Herz und Lunge angreifen. Herzwürmer werden durch Insektenstiche übertragen. Sie treten in vielen Regionen Nordafrikas und auch in Südeuropa auf. In ausgewachsenem Zustand verstopfen diese Würmer wichtige Blutgefäße im und um das Herz, was nach und nach zu Gewichtsverlust und eingeschränkter Ausdauer führt.

Vorbeugung und Behandlung
Herzwurmbefall tritt eher bei Hunden als bei Katzen auf und ist vermeidbar. Mit Selamectin kann man Herzwürmern, Flöhen, Spulwürmern und sowohl Räude- als auch Ohrmilben vorbeugen.

Hält sich Ihre Katze auch draußen auf, fragen Sie Ihren Arzt nach der örtlichen Gefahrensituation. Die Behandlung der Erkrankung ist kompliziert und erfolgt medikamentös.

SCHOCK ERKENNEN

Im medizinischen Sinn hat das Wort »Schock« eine besondere Bedeutung. Ein Schock ist die Reaktion des Körpers auf eine Veränderung der Blutzirkulation. Diese kann durch innere oder äußere Blutungen, schwere Verletzungen oder allergische Reaktionen (anaphylaktischer Schock), Organversagen oder eine Blutvergiftung hervorgerufen werden. Ein Schock ist heimtückisch und kann tödlich sein.

SCHOCKSYMPTOME IM FRÜHSTADIUM

In der Frühphase eines Schocks sind Herzschlag und Atemfrequenz beschleunigt. Der Körper versucht, die mangelnde Blutzirkulation zu kompensieren. Ohne Behandlung werden die Körperfunktionen heruntergefahren, um die Folgen der Verletzung zu verringern.

Bei Schockzustand wickeln Sie Ihre Katze in eine Decke, um einen Wärmeverlust zu verhindern.

1 Ihre Katze atmet schneller als gewöhnlich. Eventuell hechelt sie dabei.

2 Der Puls der Katze rast oder der Herzschlag ist beschleunigt.

3 Die Körpertemperatur der Katze sinkt.

4 Die Katze wirkt apathisch. Eventuell wird daraus Lethargie oder Unruhe.

5 Bei Lösen des Drucks auf das bereits blasse Zahnfleisch liegt die kapillare Einstromzeit bei ca. zwei Sekunden (siehe Seite 20).

ALLERGISCHE REAKTIONEN

Insektenstiche und Medikamente können eine allergische Reaktion der Haut verursachen. Es kommt zu einer Entzündung oder Schwellung, Juckreiz, Wärmegefühl und manchmal auch zu Schmerzen.

Treten diese Symptome auf, sollten sie so schnell wie möglich den Tierarzt aufsuchen. Ihre Katze braucht sofort eine Corticosteroid- oder Noradrenalinspritze und muss auf einen anaphylaktischen Schock hin beobachtet werden.

TIP

Hatte Ihre Katze schon einmal einen anaphylaktischen Schock, besteht das Risiko einer Wiederholung. Sie sollten mit dem Tierarzt besprechen, was Sie tun können, um dieses Risiko zu verringern.

SCHOCK ERKENNEN

SCHOCKSYMPTOME IM SPÄTSTADIUM

Ein Schock kann lebensbedrohlich sein, wenn er nicht behandelt wird. Der Körper kann die veränderte Blutzirkulation nicht dauerhaft kompensieren, den Körperfunktionen droht Überlastung und sogar Versagen, was zum Tode führen kann.

DIE BEHANDLUNG EINES SCHOCKS

Bei einem Schock müssen Sie die wichtigen Dinge zuerst tun. Stillen Sie Blutungen und führen Sie eine Wiederbelebung durch. Sobald der Zustand Ihrer Katze wieder stabil ist, suchen Sie Ihren Tierarzt auf.

ANAPHYLAKTISCHER SCHOCK

Ein anaphylaktischer Schock kann durch Insektenstiche, Pollen andere Allergene, Medikamente oder durch Futter verursacht werden. Eine medikamentöse Behandlung durch einen Tierarzt ist erforderlich.

1 Die Atmung Ihrer Katze wird langsam und schwach, die Extremitäten fühlen sich kalt an.

1 Geben Sie Ihrer Katze weder Futter noch Flüssigkeit und lassen Sie sie nicht umherlaufen.

Hat Ihre Katze gerade eine Spritze oder andere Medikamente bekommen? Wurde sie von einem Insekt gestochen? Hatte sie schon einmal einen anaphylaktischen Schock?

JA

Atmet die Katze schwer? Zieht sie sich zurück, kauert sich zusammen oder will sich nicht bewegen? Kratzt sie sich im Gesicht?

JA

2 Der Herzschlag wird langsamer und unregelmäßig.

2 Stillen Sie sichtbare Blutungen durch Fingerdruck oder, wenn notwendig, mit einem Druckverband (siehe Seite 48).

3 Das Zahnfleisch der Katze wird blass oder blau, die Pupillen sind geweitet.

3 Halten Sie Ihre Katze ruhig und wickeln Sie sie in eine Decke, um sie warm zu halten.

Ist das Zahnfleisch der Katze bläulich? Weist sie Symptome eines klinischen Schocks auf?

JA

4 Ihre Katze wirkt äußerst apathisch, später tritt Bewusstlosigkeit ein.

4 Das Hinterteil der Katze sollte durch ein Kissen leicht angehoben werden – dies erleichtert die Durchblutung von Herz und Gehirn.

Ihre Katze könnte einen anaphylaktischen Schock haben. Halten Sie ihre Atemwege frei und führen Sie künstliche Beatmung durch (siehe Seite 34).

5 Der Puls wird schwach, ist vielleicht gar nicht mehr zu spüren.

5 Führen Sie, falls nötig, künstliche Beatmung oder Herzmassage durch (siehe Seite 34–37).

Gibt Ihre Katze beim Versuch zu atmen gurgelnde oder pfeifende Geräusche von sich?

JA

6 Die kapillare Einstromzeit am Zahnfleisch beträgt über vier Sekunden. **Herzversagen und Tod drohen.**

6 Bringen Sie Ihre Katze zum Tierarzt. Sorgen Sie dafür, dass der Hals während der Fahrt gestreckt bleibt.

Ihre Katze könnte Flüssigkeit in der Lunge haben. Lassen Sie sie an den Hinterbeinen nach unten hängen, um Linderung zu schaffen. So schnell wie möglich zum Arzt.

KÜNSTLICHE BEATMUNG

Das Gehirn Ihrer Katze braucht Sauerstoff. Ist die Zufuhr auch nur für wenige Minuten unterbrochen, kommt es zu dauerhaften Hirnschäden. Sollte die Atmung Ihrer Katze aussetzen, das Herz aber noch schlagen, sollten Sie sie beatmen. Setzt auch der Herzschlag aus, braucht Ihre Katze eine Herz-Lungen-Reanimation.

Bei Katzen sind Herzinfarkt oder Schlaganfall selten, sodass lebensrettende Maßnahmen meist aus anderen Gründen wie Vergiftung durch Nahrung oder Rauch, elektrischer Schlag, Herzversagen, Gehirnerschütterungen, Blutverlust oder Schock nötig werden. Auch ein Beinahe-Ertrinken oder unbehandelte Diabetes können schnelles Eingreifen erforderlich machen.

IST IHRE KATZE BEI BEWUSSTSEIN?

Um festzustellen, ob bei Ihrer Katze künstliche Beatmung oder eine Herzmassage erforderlich sind, handeln Sie in folgenden Schritten:

1 Sprechen Sie mit Ihrer Katze. Reagiert sie, ist sie bei Bewusstsein.

2 Erfolgt keine Reaktion, zwicken Sie sie fest zwischen den Zehen. Blinzelt sie, ist sie bei Bewusstsein.

3 Reagiert Ihre Katze nicht, ziehen Sie an einem ihrer Beine. Wehrt sie sich, ist sie bei Bewusstsein und muss nicht künstlich beatmet werden.

4 Hat Ihre Katze bislang nicht reagiert, ist sie bewusstlos. Notfallmaßnahmen sind erforderlich.

5 Hat die Atmung bei anhaltendem Herzschlag ausgesetzt, ist künstliche Beatmung notwendig.

6 Setzen sowohl Atmung als auch Herzschlag aus, braucht Ihre Katze eine Herzmassage (siehe Seite 36).

Zwicken Sie Ihre Katze zwischen den Zehen. Ist sie bei Bewusstsein, wird sie automatisch blinzeln.

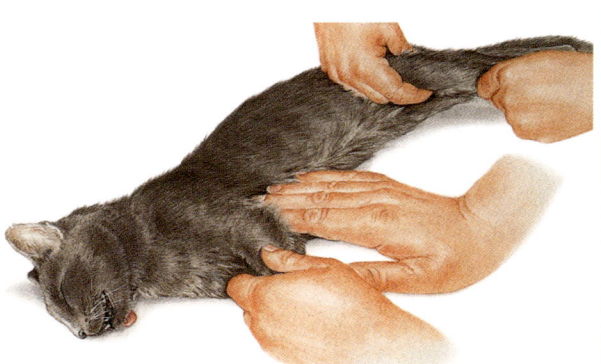

Überprüfen Sie den Herzschlag Ihrer Katze. Ist kein Puls spürbar, führen Sie künstliche Beatmung und Herzmassage durch.

ATMET IHRE KATZE NOCH?

Die Atmung einer bewusstlosen Katze ist mitunter so schwach, dass man sie kaum wahrnehmen kann. Halten Sie ihr einen Spiegel vor die Nase und achten Sie darauf, ob er beschlägt. Dann atmet die Katze.

Alternativ können Sie ein Stück Papier oder Watte nehmen. Wenn es sich bewegt, ist die Atmung noch vorhanden.

REANIMATION

- Sind die Atemwege Ihrer Katze frei? Wenn nicht, machen Sie sie frei und ziehen Sie die Zunge der Katze nach vorn. Achten Sie darauf, beim Öffnen des Mäulchens nicht gebissen zu werden.
- Atmet Ihre Katze? Wenn nicht, führen Sie künstliche Beatmung durch.
- Können Sie Herzschlag oder Puls fühlen? Wenn nicht, führen Sie eine Herzmassage durch.

Zur künstlichen Beatmung legen Sie Ihre Hände um die Schnauze der Katze und blasen ihr Luft durch die Nasenlöcher ein.

KÜNSTLICHE BEATMUNG

Hat nur die Atmung ausgesetzt, nicht aber der Herzschlag, sollten Sie die Katze beatmen.

1. Legen Sie Ihre Katze auf die Seite. Entfernen Sie alles, was ihre Nase oder ihren Hals blockiert. Ziehen Sie die Zunge des Tiers nach vorne.

2. Schließen sie der Katze das Maul. Legen Sie Ihre Hände luftdicht um die Schnauze und blasen Sie Luft durch die Nasenlöcher, bis Sie sehen, dass sich der Brustkorb anhebt.

3. Lösen Sie Ihren Mund von Ihren Händen, damit die Luft aus der Lunge der Katze entweichen kann.

4. Wiederholen Sie diesen Vorgang 20–30 Mal pro Minute.

5. Kontrollieren Sie alle zehn Sekunden den Puls, um festzustellen, dass das Herz noch schlägt.

6. Setzt auch der Herzschlag aus, sind sowohl Herzmassage als auch künstliche Beatmung erforderlich (siehe Seite 36).

DIE HERZMASSAGE

Setzt bei einer Katze der Herzschlag aus, ist eine sofortige Herzmassage notwendig, denn Sie müssen das Herz zum Schlagen bringen, ehe Sie mit der künstlichen Beatmung anfangen. Fühlen Sie nach Herzschlag oder Puls. Können Sie keinen Puls feststellen und ist das Zahnfleisch kaum durchblutet, müssen Sie von einem Herzstillstand ausgehen. Achten Sie auf die Augen der Katze – hört das Herz auf zu schlagen, weiten sich die Pupillen. Führen Sie im Wechsel mit der Herzmassage auch künstliche Beatmung durch. Sofort zum Tierarzt!

WENN DIE KATZE OHNMÄCHTIG WIRD

Es ist manchmal schwierig Ohnmacht und Herzversagen zu unterscheiden. Eine Katze wird ohnmächtig, wenn ihr Gehirn nicht mehr ausreichend mit Sauerstoff oder Glukose versorgt wird. Eine Ohnmacht ist immer vorübergehend. Ohnmächtige Katzen erlangen binnen Sekunden oder Minuten das Bewusstsein wieder. Während der Bewusstlosigkeit schlägt das Herz weiter. Führen Sie keine Herzmassage an einer ohnmächtigen Katze durch – Sie würden ihr nur schaden.

VORZEICHEN EINES HERZVERSAGENS

Obwohl es keine eindeutigen Anzeichen für drohendes Herzversagen gibt, sollten Sie auf diese Symptome achten:

- Verringerte Herzfrequenz
- Blaue Zunge oder blaues Zahnfleisch
- Langsame oder verzögerte Atmung
- Atemnot
- Orientierungslosigkeit
- Absinken der Körpertemperatur auf unter 37,5°C.

Die Chancen, ein Herz wieder zum Schlagen zu bringen und somit die Katze zu retten, sind jedoch gering.

Eine ohnmächtige Katze erholt sich innerhalb weniger Minuten.

DURCHFÜHRUNG EINER HERZMASSAGE

1 Legen Sie die Katze auf die Seite. Der Kopf sollte möglichst tiefer liegen als der Körper. Umschließen Sie die Brust der Katze hinter den Ellbogen mit Daumen und Fingern. Legen Sie Ihre freie Hand auf die Katze.

2 Drücken Sie Daumen und Finger kräftig in Richtung Hals. Seien Sie bei gebrochenen Rippen vorsichtig – sie könnten das Herz verletzen.

3 Diese pumpende Bewegung sollte 100–120 Mal pro Minute erfolgen. Seien Sie nicht zögerlich.

4 Brechen Sie nach 15 Sekunden Herzmassage ab und beatmen Sie die Katze 10 Sekunden lang.

5 Kontrollieren Sie regelmäßig den Puls. Setzen Sie die Herz-Lungen-Reanimation fort, bis Sie einen Puls spüren. Führen Sie dann die künstliche Beatmung fort, bis die Katze wieder von allein atmet.

6 Bringen Sie Ihre Katze sofort zum Tierarzt.

DIE HERZMASSAGE

HERZMASSGE MIT ZWEI PERSONEN

1 Eine Person nimmt 10 Sekunden lang eine Herzmassage an der Katze vor und hört dann auf.

2 Die zweite Person bläst dann sofort zwei Atemzüge in die Nasenlöcher der Katze ein. Die erste Person hält sich bereit, um die Massage sofort wieder aufzunehmen.

3 Dieser Wechsel wird so lange fortgesetzt, bis das Herz der Katze wieder schlägt.

4 Eine Person setzt dann die Beatmung fort, während die andere den Transport zum Tierarzt vorbereitet.

HERZMASSAGE BEI ÜBERGEWICHTIGEN KATZEN

1 Ist Ihre Katze übergewichtig, legen Sie sie auf den Rücken. Sorgen Sie dafür, dass der Kopf tiefer liegt als der Rest des Körpers.

2 Legen Sie den Handballen auf das Brustbein der Katze. Drücken Sie nach unten und nach vorne, um das Blut aus dem Herzen ins Gehirn zu drücken.

3 Fahren Sie mit der Herz-Lungen-Reanimation so lange fort, bis Herzschlag und Atmung wieder einsetzen.

TIPP VOM ARZT

ZUSÄTZLICHE HILFE

Stehen drei Personen zur Verfügung, sollte eine die Hinterbeine der Katze anheben und Druck auf die Leiste ausüben. Dadurch gelangt mehr Blut ins Gehirn der Katze, wo es dringend gebraucht wird. Die anderen beiden Personen sollten die Herz-Lungen-Reanimation durchführen.

Bei Herzstillstand kann eine direkte Stimulation des Herzens den Herzschlag wieder einsetzen lassen.

TEIL ZWEI
SYMPTOME ERKENNEN

Die meisten Katzenbesitzer können ihren Tierarzt recht schnell mit dem Auto erreichen. Schwierig ist hingegen oft die Entscheidung, ob der Zustand der Katze den Zeit- und Kostenaufwand eines Tierarztbesuches wirklich erforderlich macht und wie dringlich er ist. Dieser Teil soll Ihnen helfen, den Zustand Ihrer Katze einzuschätzen und zu entscheiden, wann Sie zum Tierarzt müssen.

SYMPTOME ERKENNEN

VERÄNDERTES VERHALTEN

Katzen können sehr gut verbergen, dass es ihnen nicht gut geht. In freier Natur ist diese Strategie für so kleine Tiere überlebenswichtig. Je länger Sie mit Ihrer Katze zusammenwohnen, desto besser können Sie ihr Verhalten verstehen. Versteckt sich Ihre Katze mehr als sonst, starrt vor sich hin oder ist ungewöhnlich duldsam, so kann dies auf ernste gesundheitliche Probleme wie einen Schock hinweisen.

Übliche Symptome

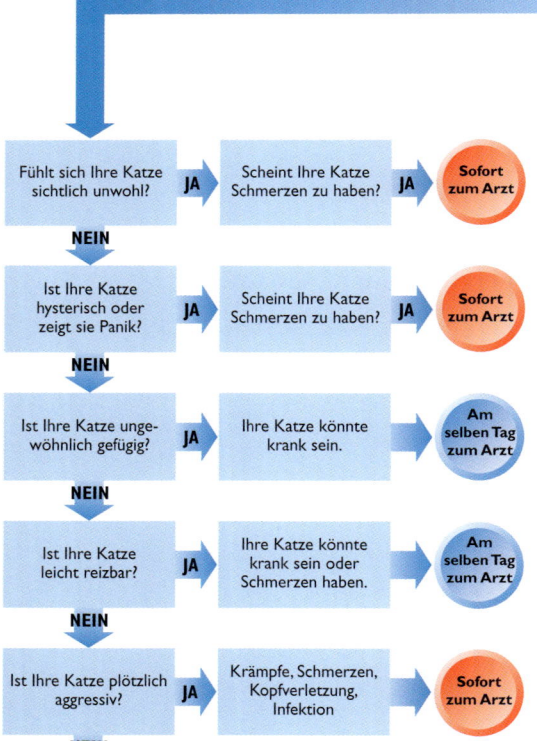

TOLLWUT

Die Symptome für Tollwut sind unterschiedlich, gehen aber immer mit Verhaltensänderungen einher. Die meisten infizierten Katzen werden aggressiv und verteilen ihren ansteckenden Speichel überall. Manche werden aber auch unterwürfig. Weitere Anzeichen können Hinken, Schluckbeschwerden oder Lähmungen sein. Katzen, die in tollwutgefährdeten Gebieten leben oder sich zeitweise dort aufhalten, sollten gemäß den Herstellerangaben des Impfstoffs geimpft werden.

Reisen Sie mit Ihrer Katze ins Ausland, ist die Tollwutimpfung Pflicht. Der Tierarzt wird eine Bescheinigung über die Impfung ausstellen.

VERÄNDERTES VERHALTEN

Wird Ihre normalerweise gutmütige Hauskatze plötzlich aggressiv, dann könnte sie krank sein.

AGGRESSIVITÄT

Wird Ihre Katze plötzlich aggressiv, ist Folgendes zu beachten:

1. Schützen Sie sich, andere Menschen und andere Tiere davor, gebissen zu werden.
2. Vermeiden Sie Außenreize wie Lärm oder grelles Licht.
3. Hat sich Ihre Katze etwas beruhigt, sprechen Sie mit ihr und beobachten Sie ihre Reaktion.
4. Ist Ihre Katze nicht tollwutgeimpft und leben Sie in einer tollwutgefährdeten Gegend, dann fassen Sie Ihre Katze nicht an. Verständigen Sie sofort den Tierarzt.

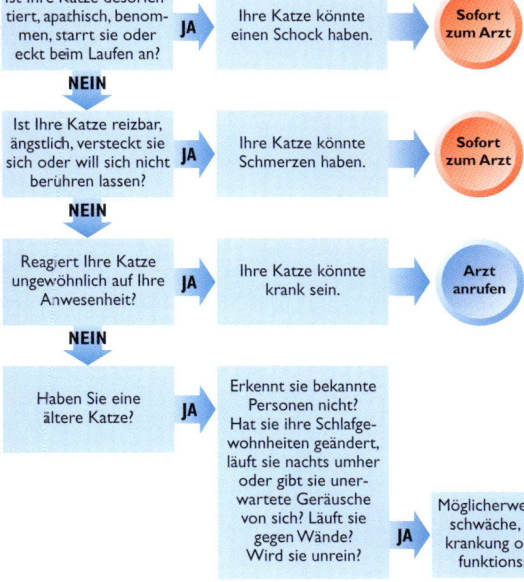

SYMPTOME ERKENNEN

LETHARGIE

Interessiert sich die Katze nicht mehr für ihren Menschen oder ihre Umgebung, könnte das ein Zeichen dafür sein, dass es ihr schlecht geht. Scheint sie bedrückt oder will nicht spielen, könnte sie Schmerzen haben oder krank sein. Gehen Sie mit einer lethargischen Katze am selben Tag zum Arzt.

Übliche Symptome

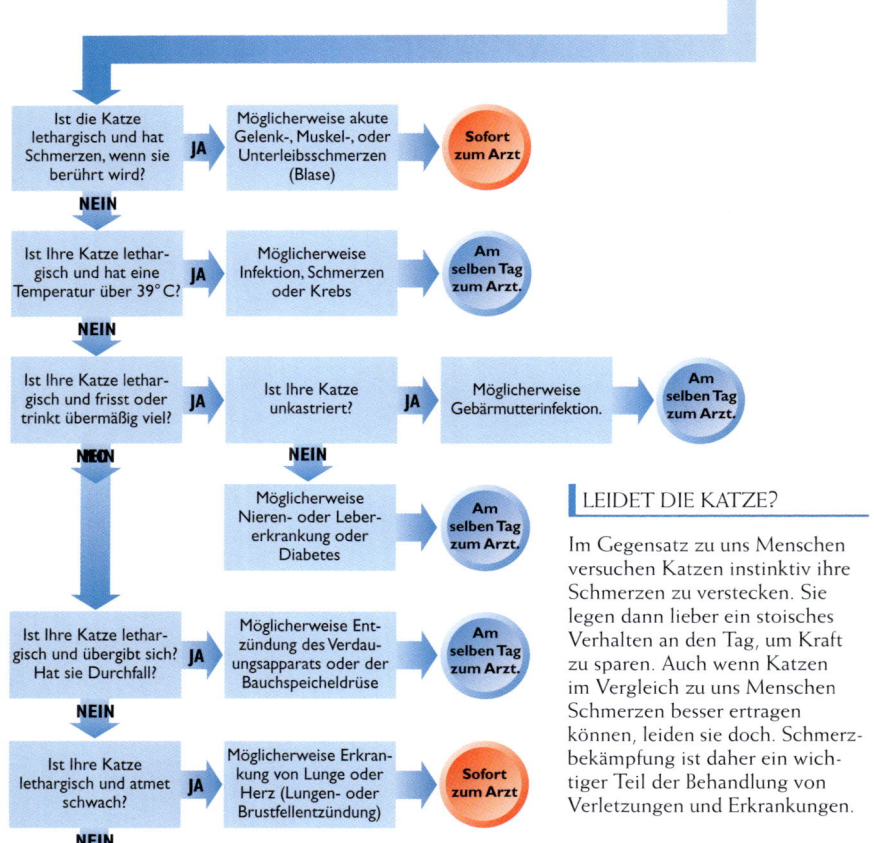

LEIDET DIE KATZE?

Im Gegensatz zu uns Menschen versuchen Katzen instinktiv ihre Schmerzen zu verstecken. Sie legen dann lieber ein stoisches Verhalten an den Tag, um Kraft zu sparen. Auch wenn Katzen im Vergleich zu uns Menschen Schmerzen besser ertragen können, leiden sie doch. Schmerzbekämpfung ist daher ein wichtiger Teil der Behandlung von Verletzungen und Erkrankungen.

LETHARGIE 43

Krankheit ist die Hauptursache für Depressionen, diese können aber auch durch veränderte Lebensumstände entstehen.

URSACHEN VON DEPRESSIONEN

Eine depressive Katze hat die Lust am Leben verloren. Sie hat keine Lust zu spielen, zu fressen und kein Interesse daran, beachtet zu werden. Depressionen werden meist durch Krankheiten ausgelöst, können aber auch durch Veränderungen der Lebensweise entstehen. Veränderte Lebensumstände wie das Wegziehen oder der Tod eines Familienmitglieds können eine Katze depressiv machen.

Depressionen lassen sich bei Katzen ebenso behandeln wie bei Menschen: Körperlicher Kontakt, Spiel und Aufmerksamkeit können helfen.

Ist Ihre Katze lethargisch und hinkt? Sehen Sie Anzeichen für Lahmheit? **JA** → Möglicherweise Muskel- oder Gelenkschmerzen, oder Kampfverletzung → **Binnen 24 Std. zum Arzt**

NEIN

Ist Ihre Katze lethargisch und hat keinen Appetit? Hat sie Gewicht verloren? **JA** → Möglicherweise Schmerzen, Nierenerkrankung, Diabetes oder Tumor → **Binnen 24 Std. zum Arzt**

NEIN

Ist Ihr Kater lethargisch und hat Schwierigkeiten Urin abzusetzen? **JA** → Möglicherweise Blasensteine → **Sofort zum Arzt**

NEIN

Ist Ihre Katze lethargisch und ist ihr Zahnfleisch bleich? **JA** → Haben Sie Grund zu der Annahme, dass eine innere oder äußere Blutung vorliegt? **JA** → Evtl. Verletzung, Knochenmarkserkrankung, Krebs, Infektion, Flüssigkeitsverlust. → **Sofort zum Arzt**

NEIN

Verbessert sich der lethargische Zustand des Tieres, wenn es frisst? **JA** → Möglicherweise niedriger Blutzuckerspiegel, viele Ursachen möglich → **Am selben Tag zum Arzt**

NEIN

Ist Ihre Katze lethargisch und ist ihr Zahnfleisch gelblich? **JA** → Möglicherweise Lebererkrankung → **Binnen 24 Std. zum Arzt**

NEIN

Ist Ihre Katze lethargisch und zeigt auffällige Veränderungen an Körper oder Verhalten? **JA** → Möglicherweise schwere Erkrankung → **Sofort zum Arzt**

LEIDET IHRE KATZE UNTER DEPRESSIONEN?

Erscheint eine Katze lethargisch, neigen wir oft dazu zu glauben, sie sei depressiv. Auch Katzen werden depressiv, doch ehe Sie davon ausgehen, sollten Sie alle möglichen medizinischen Ursachen ausschließen.

VERÄNDERTE LAUTÄUSSERUNGEN

Um den Zustand Ihrer Katze einzuschätzen, sollten Sie auf Laute und Körpergeräusche achten. Das Schleifen der Nägel beim Laufen deutet auf zu lange Krallen hin, es könnte aber auch ein Zeichen für eine Gelenks- oder Nervenerkrankung sein. Anormale Stimmlaute verbergen meist ein ernsthaftes Problem – am selben Tag zum Arzt!

Übliche Symptome

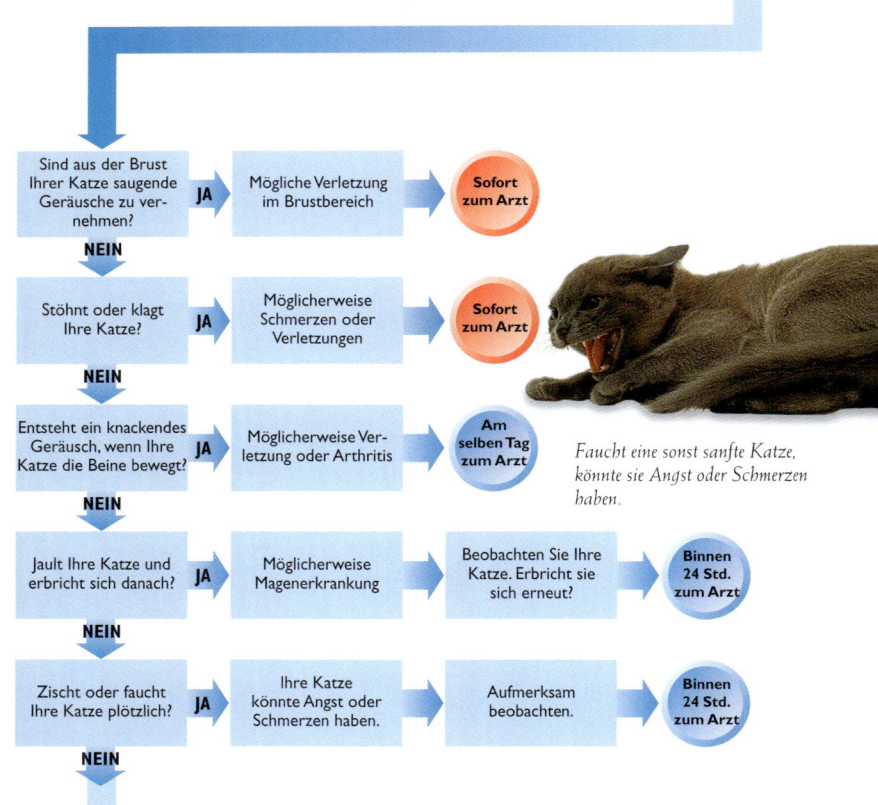

Faucht eine sonst sanfte Katze, könnte sie Angst oder Schmerzen haben.

- Sind aus der Brust Ihrer Katze saugende Geräusche zu vernehmen? → **JA** → Mögliche Verletzung im Brustbereich → **Sofort zum Arzt**
- **NEIN**
- Stöhnt oder klagt Ihre Katze? → **JA** → Möglicherweise Schmerzen oder Verletzungen → **Sofort zum Arzt**
- **NEIN**
- Entsteht ein knackendes Geräusch, wenn Ihre Katze die Beine bewegt? → **JA** → Möglicherweise Verletzung oder Arthritis → **Am selben Tag zum Arzt**
- **NEIN**
- Jault Ihre Katze und erbricht sich danach? → **JA** → Möglicherweise Magenerkrankung → Beobachten Sie Ihre Katze. Erbricht sie sich erneut? → **Binnen 24 Std. zum Arzt**
- **NEIN**
- Zischt oder faucht Ihre Katze plötzlich? → **JA** → Ihre Katze könnte Angst oder Schmerzen haben. → Aufmerksam beobachten. → **Binnen 24 Std. zum Arzt**
- **NEIN**

VERÄNDERTE LAUTÄUSSERUNGEN

LAUTE UND VERHALTEN

Ungewöhnliche Lautäußerungen gehen oft mit Veränderungen im Verhalten einher. Fallen Ihnen neben den Körpergeräuschen Ihrer Katze folgende Verhaltensänderungen auf, sollten Sie binnen 24 Stunden zum Tierarzt:

- Katze ist sehr unruhig
- Katze schläft mehr
- Katze schläft weniger
- Aufmerksamkeit lässt nach
- Spieltrieb lässt nach

Katzen haben lange Schlafphasen. Schläft Ihre Katze mehr als üblich, sollten Sie Ihren Tierarzt aufsuchen.

LAUTÄUSSERUNGEN

Katzen geben sechs Grundlaute von sich:
- Infantile Töne – Miauen
- Warnlaute – Zischen, Fauchen
- Locklaute – Gurren
- Wohlige Töne – Schnurren
- Beruhigende Töne – Schnurren
- Laute des Rückzugs – Wimmern, Kreischen

Veränderte Lautäußerungen (besonders bei den warnenden, beruhigenden oder ängstlichen Lauten) sollten beobachtet werden.

HECHELN

Verwechseln Sie durch Hitze oder Aufregung hervorgerufenes Hecheln, das meist harmlos ist, nicht mit Atemnot. Katzen, denen heiß ist, die nervös, aufgeregt oder erschöpft sind, hecheln manchmal (flaches, schnelles Atmen bei offenem Mäulchen). Können Sie sich den Grund nicht erklären, wenden Sie sich an Ihren Tierarzt.

VERLETZUNGEN

Kleine Verletzungen können Sie selbst zu Hause behandeln, aber seien Sie wachsam: Auch kleine Wunden können schwerste innere Verletzungen verbergen, die zu einem Schock führen. Streichen Sie vorsichtig mit den Händen über den Körper der Katze. Bitten Sie eine zweite Person, die Katze festzuhalten, damit Sie nicht gekratzt oder gebissen werden. Achten Sie auf Schocksymptome: Bleiches Zahnfleisch, schneller Herzschlag, schnelle Atemfrequenz (siehe Seite 32). Unruhe und Angst können zu Erschöpfung führen, während einer zunehmend flachen Atmung oft Bewusstlosigkeit folgt.

STICHVERLETZUNGEN

Stichverletzungen können durch Kämpfe, Unfälle, durch Luftgewehre oder Pfeile verursacht werden. Sie scheinen oft harmlos, aber der Schein kann trügen. Die Wundoberfläche sollte mit lauwarmem Wasser vorsichtig gereinigt werden. Bei Stichverletzungen ist mit Infektionen zu rechnen, gehen Sie daher noch am selben Tag zum Arzt.

HAARE IN DER WUNDE

Fast alle Hautverletzungen sind mit Haaren verklebt. Diese sollten vorsichtig entfernt werden.

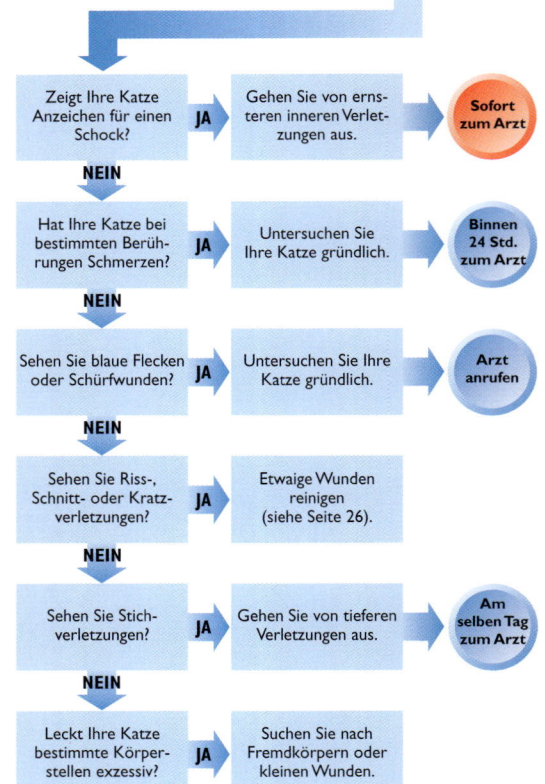

Übliche Symptome

- Zeigt Ihre Katze Anzeichen für einen Schock? **JA** → Gehen Sie von ernsteren inneren Verletzungen aus. → **Sofort zum Arzt**
- **NEIN**
- Hat Ihre Katze bei bestimmten Berührungen Schmerzen? **JA** → Untersuchen Sie Ihre Katze gründlich. → **Binnen 24 Std. zum Arzt**
- **NEIN**
- Sehen Sie blaue Flecken oder Schürfwunden? **JA** → Untersuchen Sie Ihre Katze gründlich. → **Arzt anrufen**
- **NEIN**
- Sehen Sie Riss-, Schnitt- oder Kratzverletzungen? **JA** → Etwaige Wunden reinigen (siehe Seite 26).
- **NEIN**
- Sehen Sie Stichverletzungen? **JA** → Gehen Sie von tieferen Verletzungen aus. → **Am selben Tag zum Arzt**
- **NEIN**
- Leckt Ihre Katze bestimmte Körperstellen exzessiv? **JA** → Suchen Sie nach Fremdkörpern oder kleinen Wunden.

VERLETZUNGEN

INSEKTENSTICHE

Auch bei Katzen kann durch einen Insektenstich eine allergische Reaktion, gefolgt von einem Schock, ausgelöst werden. Man spricht von einem anaphylaktischen Schock – es kommt zum Zuschwellen der Atemwege, sodass beim Atmen gurgelnde Laute entstehen. Ihre Katze braucht dringend eine Adrenalinspritze. Halten Sie die Atemwege frei und bringen Sie sie sofort zum Tierarzt (siehe Seite 34).

Bei manchen Katzen kann ein Bienenstich einen anaphylaktischen Schock auslösen.

SCHLANGENBISSE

Schlangenbisse treten bei Katzen häufiger auf als bei Menschen. In unseren Breiten gibt es nur eine giftige Schlangenart, die Kreuzotter.

Anzeichen für den Biss einer Giftschlange sind:

- Zittern
- Erregung
- Erbrechen
- Zusammenbruch
- Sabbern
- Erweiterte Pupillen

Im Fall eines Schlangenbisses wickeln Sie mit Hilfe einer Binde eine kalte Kompresse (siehe Seite 59) um das betroffene Bein, setzen Ihre Katze in eine Box mit Deckel und fahren sofort zum Tierarzt.

Wird Ihre Katze von einer Schlange gebissen, fängt sie womöglich an zu sabbern. Sofort zum Tierarzt!

INTENSIVES LECKEN

Katzen lecken ihre Wunden, um sie zu reinigen und zu desinfizieren. Manche Katzen hören damit gar nicht mehr auf und behindern so den natürlichen Heilungsprozess.

Andere Katzen scheinen für das Lecken keinen Grund zu haben – es gibt aber immer einen, beispielsweise eine allergische Hautreizung. Manche Katzen lecken sich so intensiv, dass es stellenweise zu Haarausfall und wunden Stellen auf der Haut kommt.

Lecken gehört zum täglichen Putzritual, kann jedoch Hautreizungen verursachen, wenn es zu intensiv betrieben wird.

SYMPTOME ERKENNEN

BLUTUNGEN

Kleine Blutungen und Wunden sollten binnen fünf Minuten nach dem Abbinden aufhören zu bluten. Wenn das Blut aus der Wunde herausspritzt, könnte eine Arterie durchtrennt sein. Jede Wunde, die länger als fünf Minuten blutet, muss umgehend von einem Tierarzt versorgt werden. Innere Blutungen sind im Vergleich zu offenen Wunden schwer einzuschätzen – sie können einen echten Notfall darstellen!

Übliche Symptome

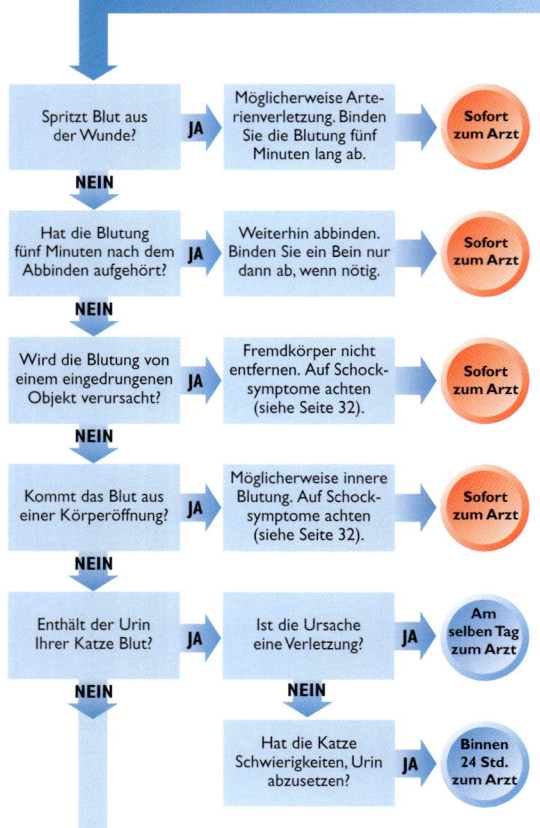

DRUCKVERBÄNDE

Versuchen Sie die Blutung zunächst durch einen Druckverband zu stillen und suchen Sie möglichst umgehend (am selben Tag) einen Tierarzt auf. Vorsicht beim oftmals empfohlenen Abbinden von Gliedmaßen! Hierbei wird die Blutzufuhr unterbrochen, und wird der Verband nicht rechtzeitig gelöst, kann das betroffene Glied dauerhaften Schaden nehmen und muss meist sogar amputiert werden.

Beachten Sie: Gliedmaßen abzubinden ist gefährlich, denn die Blutzufuhr wird unterbrochen. Wird der Verband nicht rechtzeitig gelöst, kann das betroffene Glied dauerhaften Schaden nehmen.

BLUTUNGEN

BEI SCHOCKZUSTAND

Ein Schock deutet auf tiefere Verletzungen hin. Sowohl der Schock als auch seine Ursachen können tödlich sein, wenn sie nicht sofort behandelt werden (siehe Seite 32):

- Wickeln Sie Ihre Katze in eine warme Decke. Sie darf weder fressen noch trinken.
- Wenn möglich, sollten die Hinterbeine höher gelagert werden als Herz und Kopf.
- Gehen Sie mit Ihrer Katze sofort zum nächsten Tierarzt.

DRUCKPUNKTE

Druckpunkte sind Stellen, an denen Blutgefäße über Knochen verlaufen und durch Fingerdruck abgedrückt werden können. Übt man hier mit der Hand Druck aus, hört die Blutung auf.

OHR Druck direkt auf die Wunde ausüben. Halten Sie den Kopf der Katze still, denn durch Schütteln lösen sich die Krusten.

VORDERBEIN Drei Finger in die Achselhöhle legen, Daumen gegenüber. Fest drücken.

HINTERBEIN Drei Finger auf die Innenseite des Oberschenkels legen und fest drücken.

SCHWANZ Druck unterhalb des Schwanzansatzes ausüben.

DIE AUGEN

Krankheiten oder Verletzungen der Augen fallen nicht immer sofort auf. Aber Symptome, die unwichtig scheinen, können gravierende Probleme verbergen. Die meisten Augenverletzungen ziehen sich Katzen bei Kämpfen zu. Ihr Tierarzt oder Fachtierarzt für Augenheilkunde verfügt über die notwendigen Geräte, um eine genaue Diagnose zu stellen.

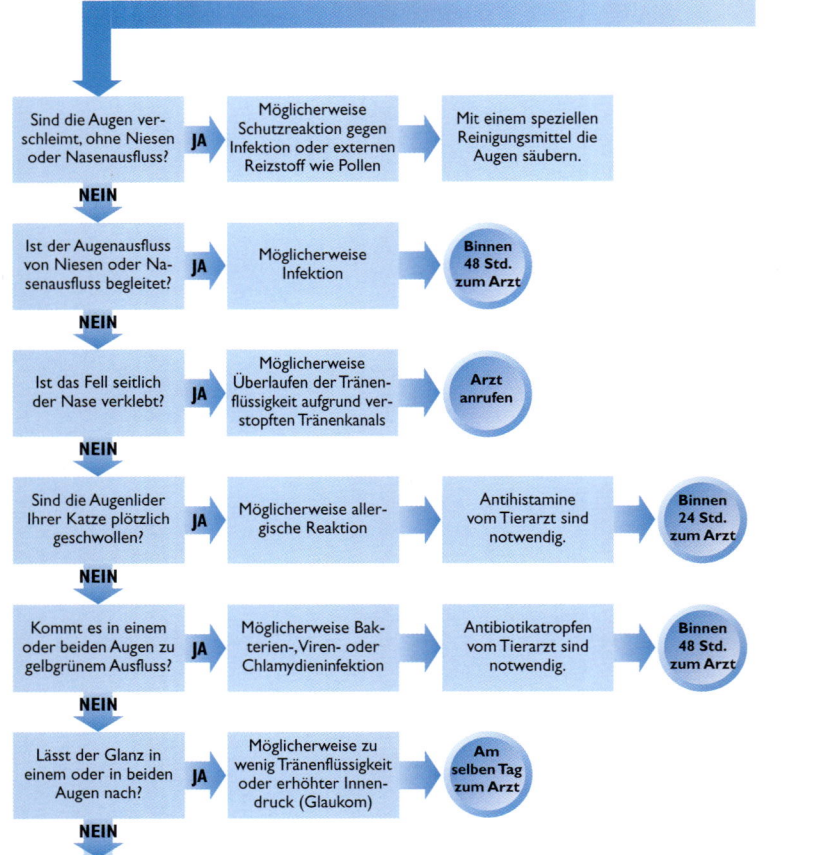

DIE AUGEN

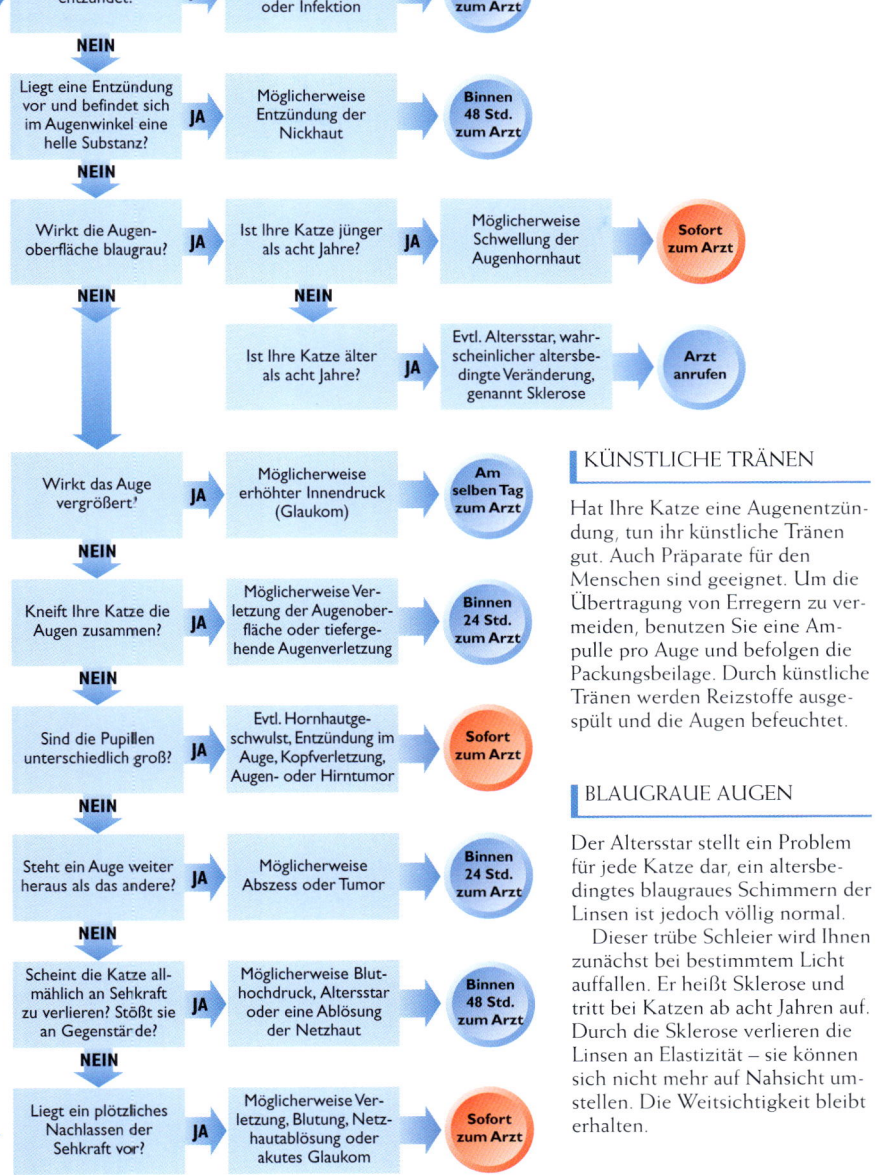

KÜNSTLICHE TRÄNEN

Hat Ihre Katze eine Augenentzündung, tun ihr künstliche Tränen gut. Auch Präparate für den Menschen sind geeignet. Um die Übertragung von Erregern zu vermeiden, benutzen Sie eine Ampulle pro Auge und befolgen die Packungsbeilage. Durch künstliche Tränen werden Reizstoffe ausgespült und die Augen befeuchtet.

BLAUGRAUE AUGEN

Der Altersstar stellt ein Problem für jede Katze dar, ein altersbedingtes blaugraues Schimmern der Linsen ist jedoch völlig normal.
Dieser trübe Schleier wird Ihnen zunächst bei bestimmtem Licht auffallen. Er heißt Sklerose und tritt bei Katzen ab acht Jahren auf. Durch die Sklerose verlieren die Linsen an Elastizität – sie können sich nicht mehr auf Nahsicht umstellen. Die Weitsichtigkeit bleibt erhalten.

DIE OHREN

Die meisten Ohrverletzungen gehen auf Kämpfe zurück! Entsteht durch einen Zahn oder eine Kralle eine Risswunde am Ohr, ist die Blutung meist gering. Ein Biss kann jedoch zu einer Schwellung mit Abszess führen. Dieser platzt meist nach fünf Tagen auf und übel riechender Ausfluss tritt aus. Katzen können sich auch selbst durch Kratzen am Ohr verletzen, was meist in Zusammenhang mit einer Krankheit oder Milbenbefall steht.

Übliche Symptome

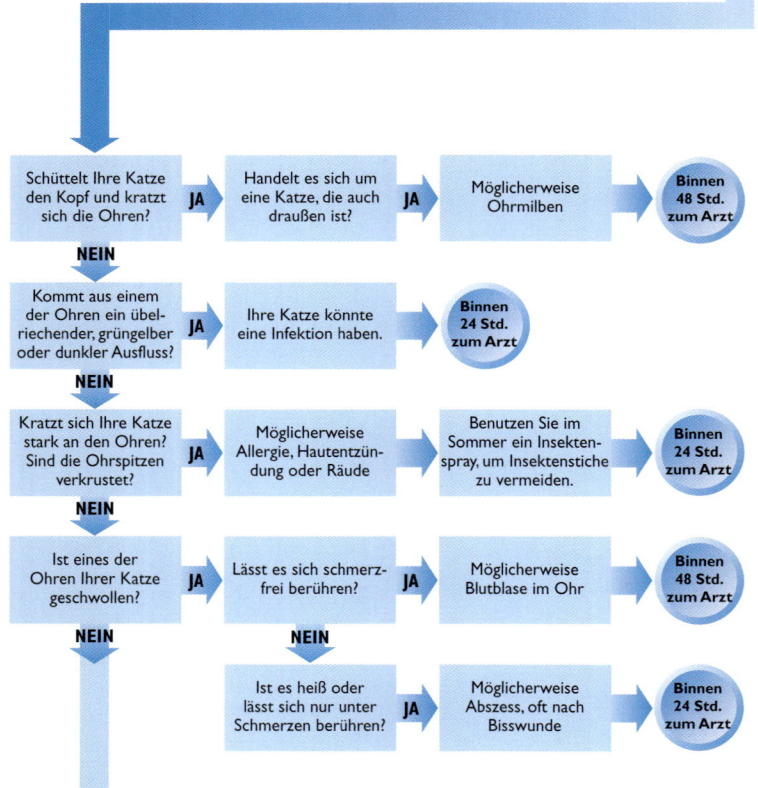

DIE OHREN

TAUBHEIT UND WIE MAN DAMIT UMGEHT

Die meisten Katzen kommen mit Taubheit recht gut klar. Wird Ihre Katze taub, haben Sie Geduld mit ihr und versuchen Sie folgendes:

- Wecken Sie Ihre Katze mit einer sanften Berührung.
- Achten Sie darauf, dass sie mitbekommt, wenn Sie das Haus verlassen.
- Haben Sie ein taubes Kätzchen, sollten Sie über die Anschaffung eines zweiten nachdenken, das als Gefährte stellvertretend hört.

SCHÄDIGUNG DES TROMMELFELLS

Das Trommelfell ist empfindlich und kann durch eine Entzündung oder Ungezieferbefall Schaden nehmen. Ist das Trommelfell einmal gerissen, sammelt sich im Mittelohr Schmutz an. Eine Mittelohrentzündung lässt sich schwerer behandeln als eine Außenohrentzündung.

Treten bei Ihrer Katze immer wieder Ohrentzündungen auf, muss Ihr Tierarzt untersuchen, ob das Trommelfell noch intakt ist.

JUCKENDE OHREN UND ALLERGIEN

Oft werden Katzen mit juckenden, entzündeten Ohren zum Tierarzt gebracht, aber die Ohren selbst sind nicht das Hauptproblem. Sie sind lediglich das sichtbare Symptom eines zugrundeliegenden Problems: einer Allergie. Allergische Hautreaktionen fangen oft an den Ohren an, da diese am empfindlichsten und am wenigsten geschützt sind. Behandelt man nur die Ohren und packt das Übel nicht an der Wurzel, wird das Problem wiederkehren.

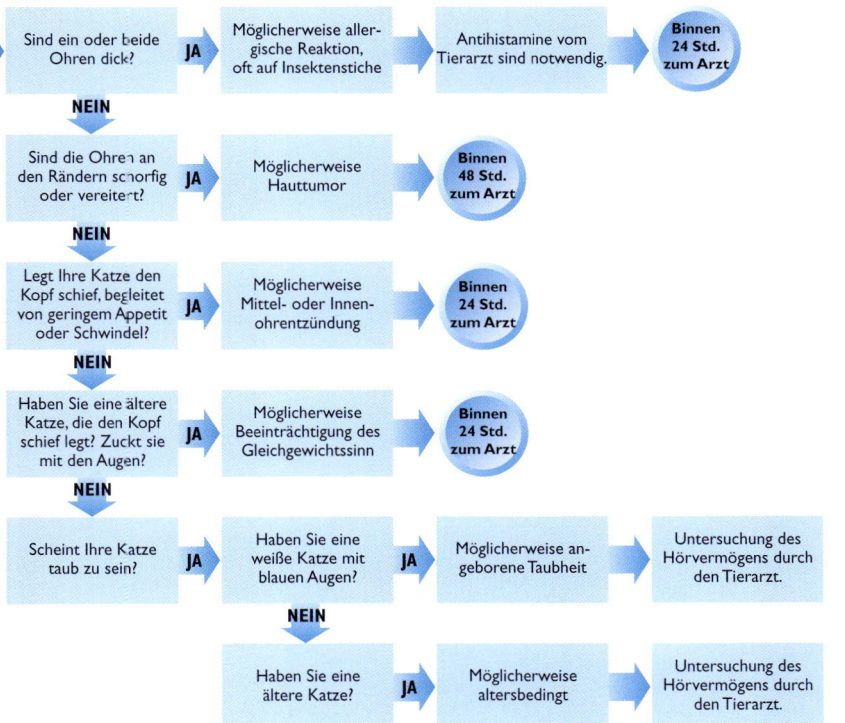

SYMPTOME ERKENNEN

KRATZEN UND HAARAUSFALL

Es gibt immer Gründe dafür, wenn sich Ihre Katze kratzt oder ihr die Haare ausfallen. Die Ursache zu bestimmen kann mitunter jedoch schwierig sein. In der Folge wird dann oft der Juckreiz selbst, nicht aber das ursächliche Problem dafür behandelt. Hauptverursacher von Juckreiz sind bei Katzen Parasiten und Allergien. Kratzen führt oft zu Sekundärinfektionen.

Übliche Symptome

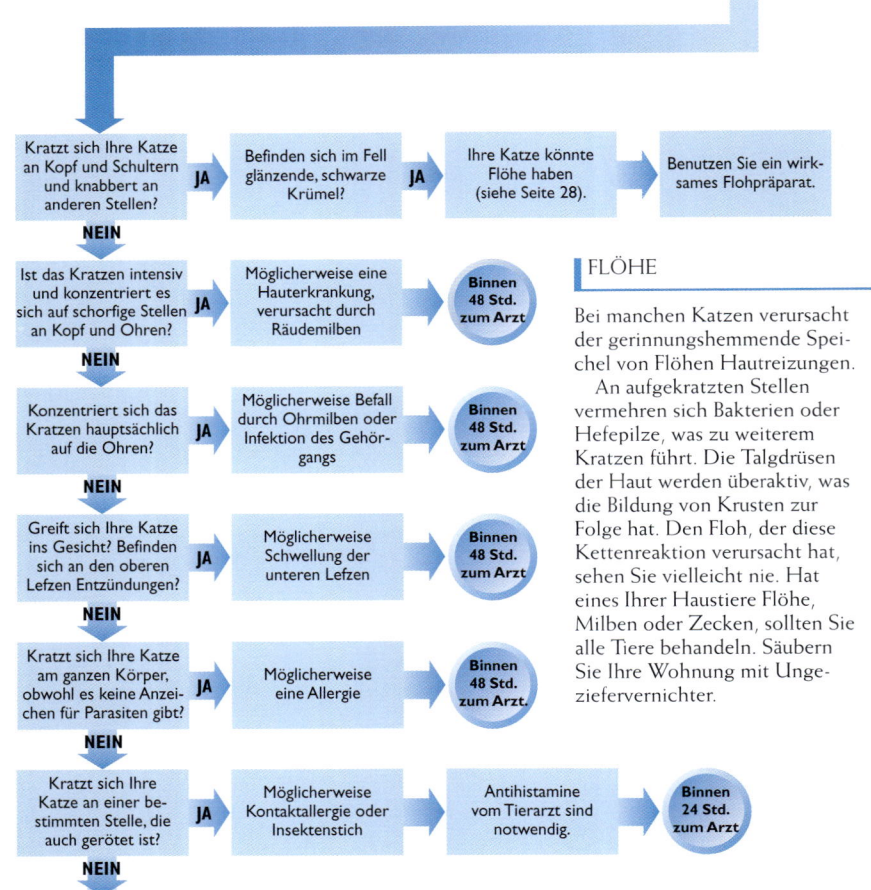

FLÖHE

Bei manchen Katzen verursacht der gerinnungshemmende Speichel von Flöhen Hautreizungen.

An aufgekratzten Stellen vermehren sich Bakterien oder Hefepilze, was zu weiterem Kratzen führt. Die Talgdrüsen der Haut werden überaktiv, was die Bildung von Krusten zur Folge hat. Den Floh, der diese Kettenreaktion verursacht hat, sehen Sie vielleicht nie. Hat eines Ihrer Haustiere Flöhe, Milben oder Zecken, sollten Sie alle Tiere behandeln. Säubern Sie Ihre Wohnung mit Ungeziefervernichter.

KRATZEN UND HAARAUSFALL

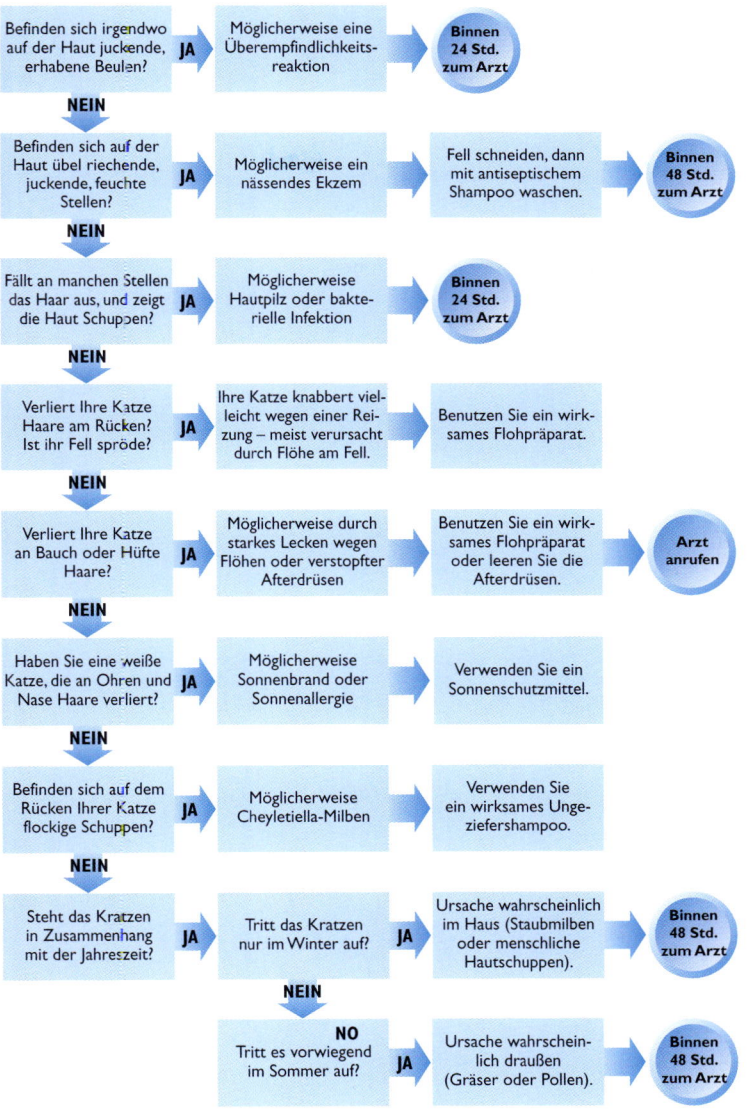

SCHWELLUNGEN UND KNOTEN

Die häufigste Ursache für Schwellungen unter der Haut sind bei Katzen verletzungsbedingte Abszesse. Meist treten Abszesse am Kopf oder am Schwanzansatz auf. Knoten entstehen meist durch einen Gesäugetumor. Sie treten unter der Haut an Brust und Bauch auf. Jeder Knoten sollte von Ihrem Tierarzt untersucht werden.

Übliche Symptome

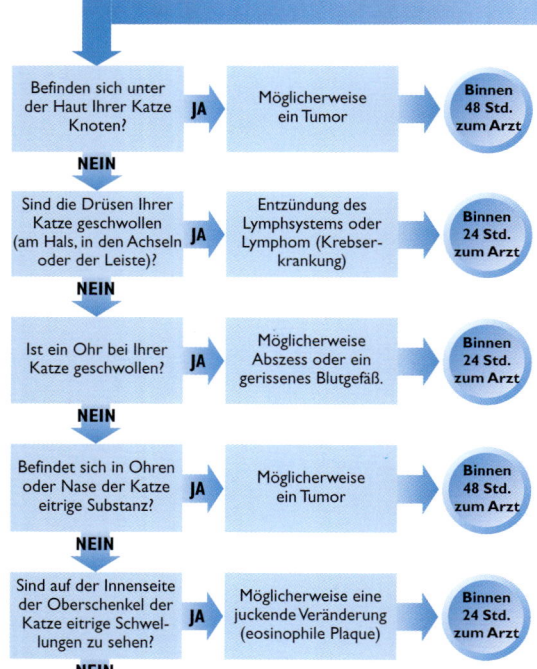

EINE GENAUE DIAGNOSE

Findet Ihr Tierarzt beim Abtasten einen Knoten, wird er ihn fachkundig beurteilen und eine Diagnose erstellen.

Diese basiert auf Alter, Geschlecht, Zucht und Krankheitsgeschichte Ihrer Katze und richtet sich auch nach der Stelle, an der sich der Knoten befindet, seiner Beschaffenheit und der Geschwindigkeit mit der er wächst.

Je erfahrener der Arzt, desto genauer die Diagnose: wirklich sichere Ergebnisse erhält man jedoch nur, wenn ein Pathologe eine Gewebeprobe untersucht. Die Durchführung einer Hautbiopsie ist einfach, meist ist nicht einmal eine Narkose nötig.

SCHWELLUNGEN UND KNOTEN

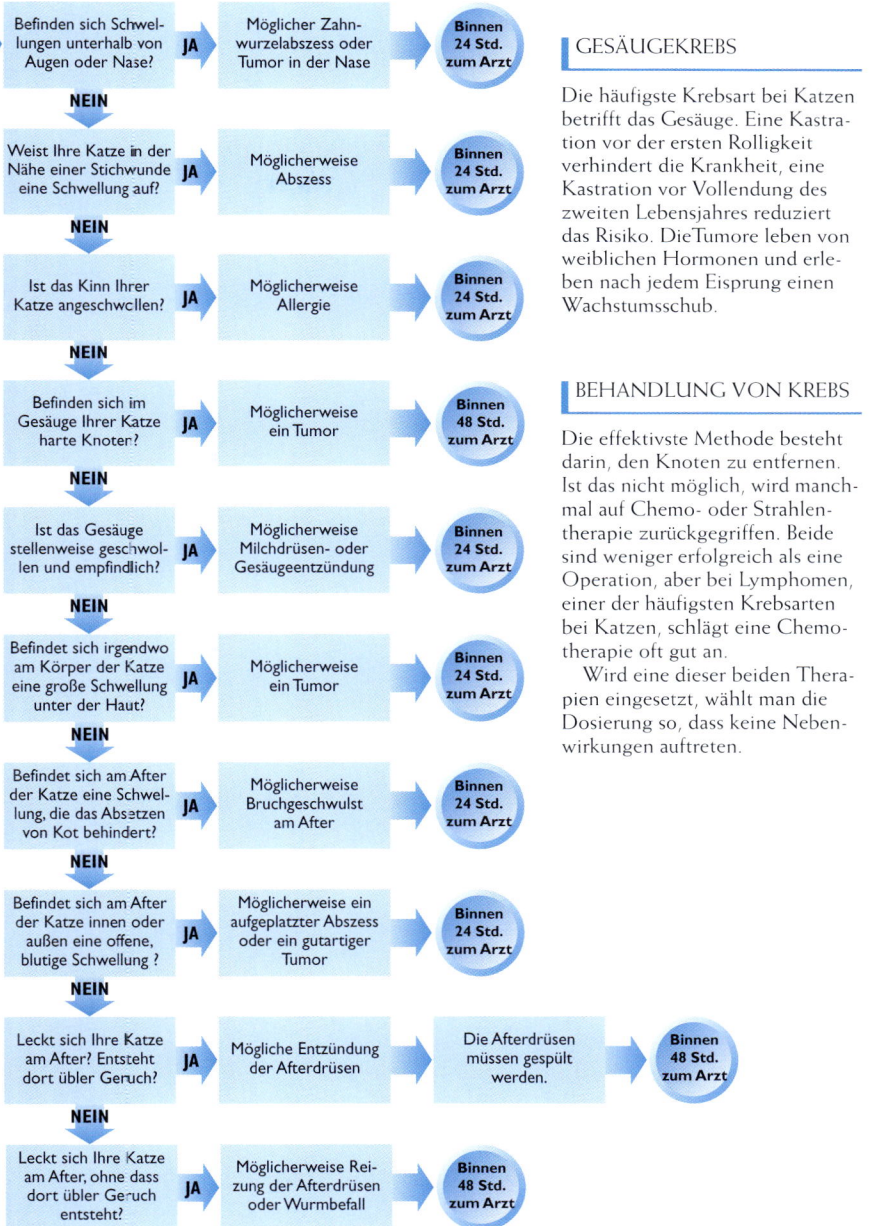

GESÄUGEKREBS

Die häufigste Krebsart bei Katzen betrifft das Gesäuge. Eine Kastration vor der ersten Rolligkeit verhindert die Krankheit, eine Kastration vor Vollendung des zweiten Lebensjahres reduziert das Risiko. Die Tumore leben von weiblichen Hormonen und erleben nach jedem Eisprung einen Wachstumsschub.

BEHANDLUNG VON KREBS

Die effektivste Methode besteht darin, den Knoten zu entfernen. Ist das nicht möglich, wird manchmal auf Chemo- oder Strahlentherapie zurückgegriffen. Beide sind weniger erfolgreich als eine Operation, aber bei Lymphomen, einer der häufigsten Krebsarten bei Katzen, schlägt eine Chemotherapie oft gut an.

Wird eine dieser beiden Therapien eingesetzt, wählt man die Dosierung so, dass keine Nebenwirkungen auftreten.

LAHMHEIT UND HINKEN

Lahmheit kann durch einen Biss, einen blauen Fleck oder Knochenbruch entstehen. Rückenschmerzen können Hinken verursachen. Die Katze will dann meist nicht springen und läuft mit gekrümmten Rücken umher. Wenn Ihre Katze lahmt, sollten Sie das betroffene Glied untersuchen. Fangen Sie mit der Pfote an und arbeiten Sie sich nach oben, wobei Sie auf Erwärmung, Schwellungen oder trockenes, mattes Fell über einer Stichwunde achten sollten. Seien Sie daher vorsichtig: Tun Sie Ihrer Katze weh, könnte sie beißen. Die beste Therapie bei leichtem Hinken ist Ruhe.

Übliche Symptome

Hinkt Ihre Katze plötzlich und leckt sich die betroffene Pfote? **JA** → Möglicherweise Verletzung, Fremdkörper, abgebrochene Kralle oder Abszess → Untersuchen Sie Ihre Katze. Können Sie ihr nicht helfen, gehen Sie mit ihr zum Tierarzt. → **Binnen 24 Std. zum Arzt**

NEIN ↓

Hinkt sie plötzlich (beliebiges Bein), ohne sich zu lecken? **JA** → Möglicherweise Bein- oder Bissverletzung von einem Kampf → **Binnen 48 Std. zum Arzt**

NEIN ↓

Hinkt die Katze plötzlich auf einem Hinterbein? Ist sie älter oder übergewichtig? **JA** → Möglicherweise Verletzung, eventuell ausgerenkte Hüfte → **Binnen 48 Std. zum Arzt**

NEIN ↓

Nimmt das Hinken an einem der Hinterbeine zu? **JA** → Möglicherweise Arthritis, vielleicht als Folge einer alten Verletzung → **Binnen 48 Std. zum Arzt**

NEIN ↓

Nimmt das Hinken zu, und die Katze leckt sich außerdem die Pfoten? **JA** → Möglicherweise Hautverletzung oder eingewachsene Krallen → **Binnen 48 Std. zum Arzt**

NEIN ↓

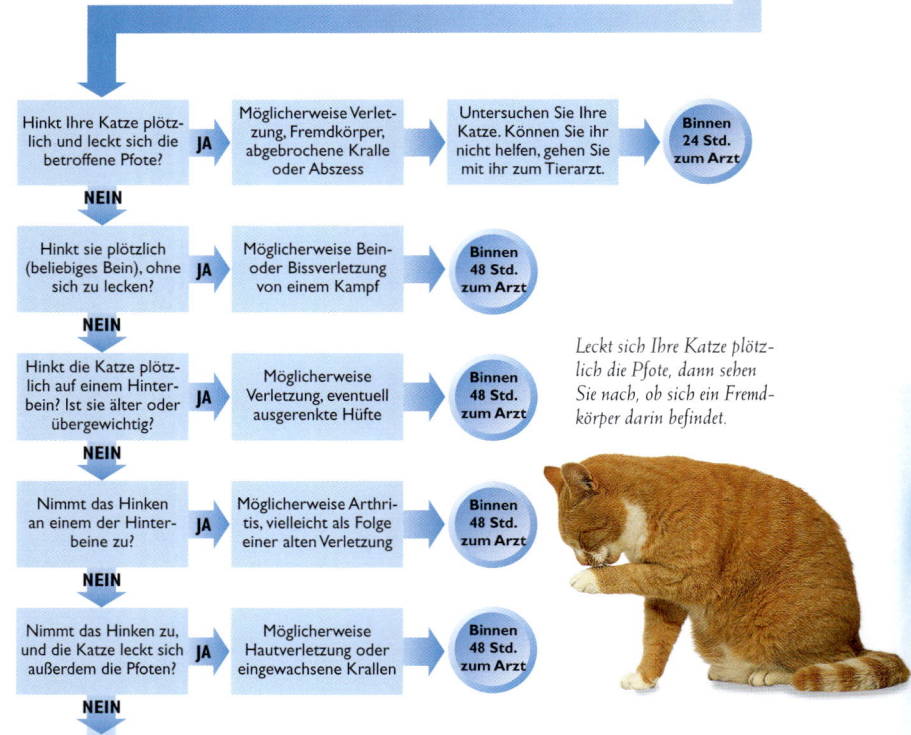

Leckt sich Ihre Katze plötzlich die Pfote, dann sehen Sie nach, ob sich ein Fremdkörper darin befindet.

LAHMHEIT UND HINKEN

ZU LANGE KRALLEN

Vor allem bei älteren Katzen kommen zu lange Krallen häufig vor. Schneidet man sie nicht, können sie den Ballen durchbohren, was Schmerzen, eine Entzündung und Lahmheit zur Folge haben kann. Kontrollieren und stutzen Sie die Krallen Ihrer Katze regelmäßig. Ihr Tierarzt kann Ihnen zeigen, wie.

Zu lange Krallen können ein Grund dafür sein, dass Ihre Katze hinkt. Lassen Sie sich von Ihrem Tierarzt zeigen, wie man sie stutzt.

SCHMERZMITTEL

Verabreichen Sie Ihrer Katze niemals Aspirin, Paracetamol oder Ibuprofen ohne Anweisung Ihres Tierarztes. Diese Medikamente bleiben deutlich länger in ihrem Organismus als in unserem und können tödlich sein.

Aspirin wird in geringer Menge manchmal zur Behandlung von Herz- oder Gerinnungsstörungen eingesetzt.

UMSCHLÄGE

Bei Zerrungen und Verstauchungen helfen im akuten Stadium kalte Umschläge, die drei- bis viermal pro Tag aufgelegt werden. Ein kleiner Beutel mit gefrorenen Erbsen eignet sich hierzu hervorragend. Legen Sie ein Handtuch über die betroffene Stelle, darauf dann den Beutel. Der Beutel sollte nach 10–15 Minuten entfernt werden. Im nicht akuten Stadium fördern warme Umschläge die Durchblutung und so den Abtransport von Giftstoffen.

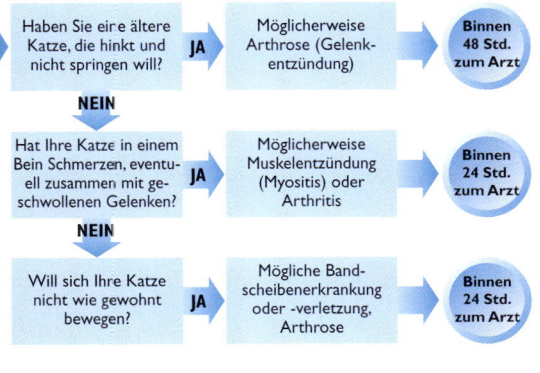

GLEICHGEWICHT UND KOORDINATION

Das Gleichgewicht wird vom Gleichgewichtsorgan im Innenohr und Kleinhirn gesteuert. Verletzungen, Entzündungen, Infektionen und Tumoren können ebenso wie bestimmte Medikamente Einfluss darauf nehmen, wie Ihre Katze geht und steht. Ein schief gelegter Kopf ist häufig ein Anzeichen für ein Innenohrproblem.

Übliche Symptome

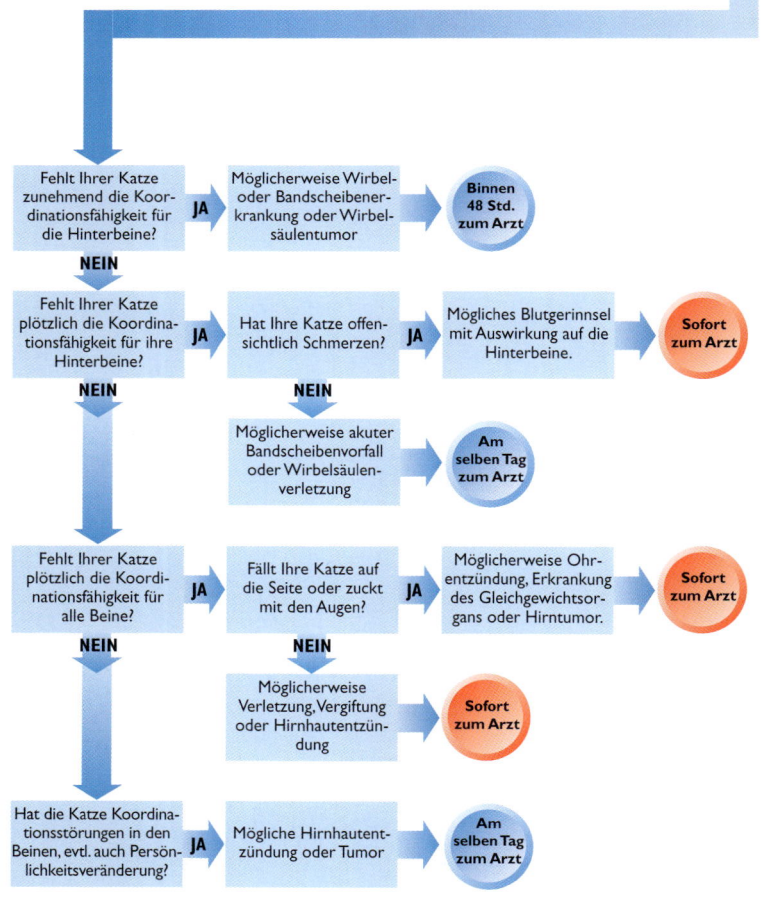

- Fehlt Ihrer Katze zunehmend die Koordinationsfähigkeit für die Hinterbeine? **JA** → Möglicherweise Wirbel- oder Bandscheibenerkrankung oder Wirbelsäulentumor → **Binnen 48 Std. zum Arzt**
- **NEIN**
- Fehlt Ihrer Katze plötzlich die Koordinationsfähigkeit für ihre Hinterbeine? **JA** → Hat Ihre Katze offensichtlich Schmerzen? **JA** → Mögliches Blutgerinnsel mit Auswirkung auf die Hinterbeine. → **Sofort zum Arzt**
- **NEIN** → Möglicherweise akuter Bandscheibenvorfall oder Wirbelsäulenverletzung → **Am selben Tag zum Arzt**
- **NEIN**
- Fehlt Ihrer Katze plötzlich die Koordinationsfähigkeit für alle Beine? **JA** → Fällt Ihre Katze auf die Seite oder zuckt mit den Augen? **JA** → Möglicherweise Ohrentzündung, Erkrankung des Gleichgewichtsorgans oder Hirntumor. → **Sofort zum Arzt**
- **NEIN** → Möglicherweise Verletzung, Vergiftung oder Hirnhautentzündung → **Sofort zum Arzt**
- **NEIN**
- Hat die Katze Koordinationsstörungen in den Beinen, evtl. auch Persönlichkeitsveränderung? **JA** → Mögliche Hirnhautentzündung oder Tumor → **Am selben Tag zum Arzt**

GLEICHGEWICHT UND KOORDINATION

VERLUST DES GLEICHGEWICHTS

Zu den Anzeichen für einen Verlust des Gleichgewichtssinns gehören:
- Ungewöhnliches Laufen oder Hinfallen
- Im Kreis gehen
- Scheinbare Trunkenheit
- Kopf auf die Seite legen
- Zucken der Augenlider
- Erbrechen

GLEICHGEWICHTSSTÖRUNGEN

Jede Erkrankung, die Ihre Katze schwächt (schweres Erbrechen oder Durchfall), kann eine Ursache für Gleichgewichtsstörungen sein – auch chronische Gelenkschmerzen. Die Ausfallerscheinungen sind meist direkt nach dem Aufwachen am heftigsten. Auch ein Verlust der Sehkraft wirkt sich auf das Gleichgewicht aus. Lassen Sie sich von Ihrem Tierarzt beraten.

Achten Sie darauf, wie Ihre Katze läuft, um Anzeichen für einen Verlust des Gleichgewichts- oder Koordinationssinnes rechtzeitig zu bemerken.

SCHLAGANFALL

Obwohl Schlaganfälle bei Katzen selten sind, treten sie doch häufiger auf, als früher angenommen. Die Auswirkungen richten sich danach, in welchem Bereich des Gehirns die Blutung oder das Gerinnsel auftreten. Ein Schlaganfall kann mit Bluthochdruck einhergehen, welcher wiederum mit einer Schilddrüsenüberfunktion oder Herzerkrankungen zusammenhängen.

Befürchten Sie bei Ihrer Katze eine Vergiftung, bringen Sie das Tier und die toxische Substanz – inklusive Verpackung – sofort zum Tierarzt.

VERGIFTUNG

Vermuten Sie eine Vergiftung, dann nehmen Sie alles, was Ihre Katze zu sich genommen haben könnte – inklusive der Verpackungen –, mit und machen sich sofort auf den Weg zum Tierarzt.

ANFÄLLE UND KRÄMPFE

Beim Einsetzen eines Anfalls kann Ihre Katze verwirrt sein oder das Gleichgewicht verlieren. Die Symptome können sich ausweiten, bis die Katze steif wird oder mit den Beinen strampelt, Schüttelkrämpfe erleidet, uriniert, Kot absetzt, sabbert oder bewusstlos wird. Solche Anfälle sind meist nach einigen Minuten vorbei. Danach ist die Katze desorientiert, oft hungrig und will allein sein.

Übliche Symptome

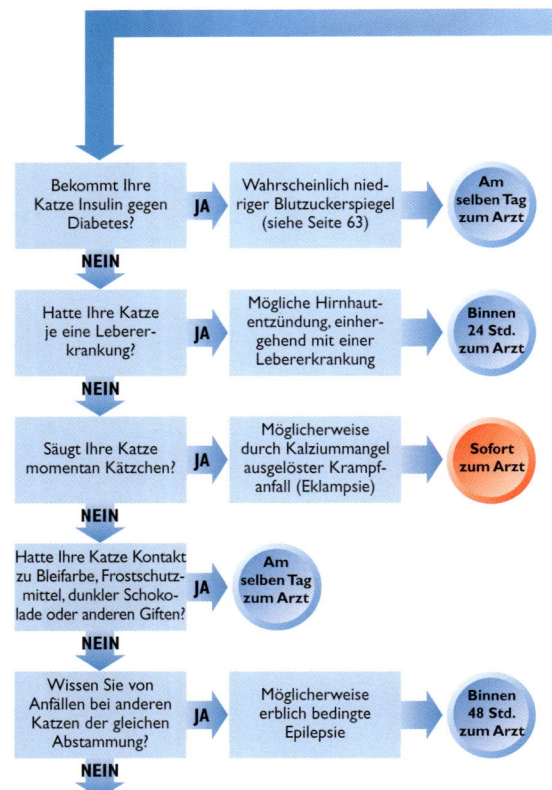

- Bekommt Ihre Katze Insulin gegen Diabetes? **JA** → Wahrscheinlich niedriger Blutzuckerspiegel (siehe Seite 63) → **Am selben Tag zum Arzt**
- **NEIN**
- Hatte Ihre Katze je eine Lebererkrankung? **JA** → Mögliche Hirnhautentzündung, einhergehend mit einer Lebererkrankung → **Binnen 24 Std. zum Arzt**
- **NEIN**
- Säugt Ihre Katze momentan Kätzchen? **JA** → Möglicherweise durch Kalziummangel ausgelöster Krampfanfall (Eklampsie) → **Sofort zum Arzt**
- **NEIN**
- Hatte Ihre Katze Kontakt zu Bleifarbe, Frostschutzmittel, dunkler Schokolade oder anderen Giften? **JA** → **Am selben Tag zum Arzt**
- **NEIN**
- Wissen Sie von Anfällen bei anderen Katzen der gleichen Abstammung? **JA** → Möglicherweise erblich bedingte Epilepsie → **Binnen 48 Std. zum Arzt**
- **NEIN**

ANFÄLLE UND KRÄMPFE

KOMA

Eine Katze, die zu schlafen scheint und weder auf Stimme noch auf Berührung reagiert, befindet sich im Koma. Dies tritt meist bei Diabetes-Katzen auf, kann aber auch durch extreme Temperaturen, Medikamente Gifte, Infektionen und Schock ausgelöst werden.
Suchen Sie nach dem Grund für das Koma und bringen Sie das Tier sofort zum Arzt.

ANFÄLLE BEI DIABETES-KATZEN

Überschüssiges Insulin senkt den Blutzuckerspiegel. Die Katze scheint verwirrt oder schwach, schwankt vielleicht. Schon bald kommt es zu Anfällen und Krämpfen, manchmal begleitet von starkem Speichelfluss. Geben Sie ihr beim ersten Schwächezeichen Honig oder Zuckerwasser und suchen Sie schnellstmöglich den Tierarzt auf. Versuchen Sie nicht, einer bewusstlosen oder bereits krampfenden Katze etwas einzuflößen.

URSACHEN

Sind die Ursachen für Krampfanfälle nicht im Nervensystem zu finden, gibt es folgende mögliche Gründe:

- Lebererkrankungen
- Nierenversagen
- Gifte von Pflanzen, Tieren und Chemikalien

Erkrankungen des Nervensystems:

- Hirninfektionen durch Bakterien, Viren, Pilze oder Parasiten
- Hirnhautentzündungen
- Hirntumore
- Narbenbildung im Gehirn nach einer Kopfverletzung
- Erblich bedingte Hirnfehlfunktionen

BEIM AUFTRETEN EINES ANFALLS

1 Umgeben Sie Ihre Katze mit weichem Stoff, Kissen oder Decken.

2 Dämpfen Sie Geräusche und Licht. Reden Sie beruhigend auf Ihre Katze ein.

3 Achten Sie auf die Dauer des Anfalls. Hält er länger als vier Minuten an, sofort zum Tierarzt.

4 Eine Katze erstickt nur selten an ihrer Zunge. Sofern nicht unbedingt nötig, sollten Sie nicht versuchen, die Zunge mit den Fingern herauszuziehen.

Die Krämpfe Ihrer Katze könnten durch vergiftete Beutetiere verursacht worden sein.

Hat der Anfall nach vier Minuten spontan aufgehört? **JA** → Am selben Tag zum Arzt

NEIN

Treten mehrere Anfälle innerhalb kurzer Zeit auf? **JA** → Sofort zum Arzt

NIESEN UND NASENERKRANKUNGEN

Niesen ist keine Krankheit – es ist ein Reflex, der dazu dient, die Nase von etwas zu befreien, das der Körper als störend empfindet. Hauptursache für Niesreaktionen mit und ohne Schleimabsonderung sind Infektionen. Auch Niesen durch Allergien wird immer häufiger. Die gesunde, leicht feuchte Nase einer Katze kann bei Kämpfen mit anderen Tieren Verletzungen davontragen.

Übliche Symptome

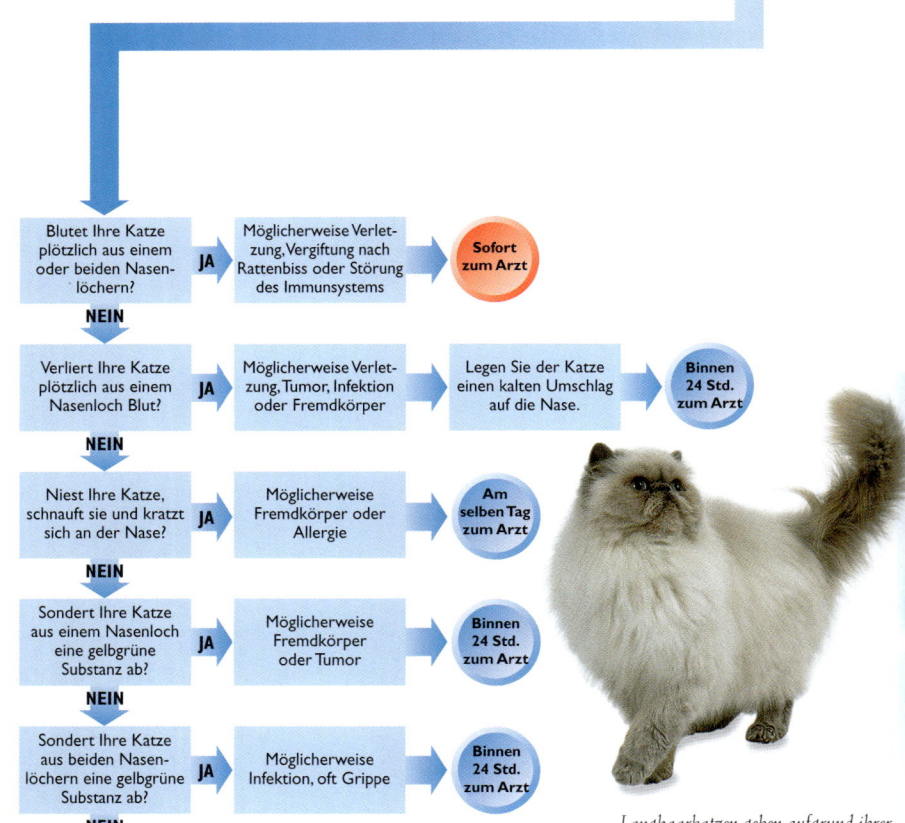

Blutet Ihre Katze plötzlich aus einem oder beiden Nasenlöchern? — JA → Möglicherweise Verletzung, Vergiftung nach Rattenbiss oder Störung des Immunsystems → **Sofort zum Arzt**
NEIN ↓

Verliert Ihre Katze plötzlich aus einem Nasenloch Blut? — JA → Möglicherweise Verletzung, Tumor, Infektion oder Fremdkörper → Legen Sie der Katze einen kalten Umschlag auf die Nase. → **Binnen 24 Std. zum Arzt**
NEIN ↓

Niest Ihre Katze, schnauft sie und kratzt sich an der Nase? — JA → Möglicherweise Fremdkörper oder Allergie → **Am selben Tag zum Arzt**
NEIN ↓

Sondert Ihre Katze aus einem Nasenloch eine gelbgrüne Substanz ab? — JA → Möglicherweise Fremdkörper oder Tumor → **Binnen 24 Std. zum Arzt**
NEIN ↓

Sondert Ihre Katze aus beiden Nasenlöchern eine gelbgrüne Substanz ab? — JA → Möglicherweise Infektion, oft Grippe → **Binnen 24 Std. zum Arzt**
NEIN ↓

Langhaarkatzen geben aufgrund ihrer flachen Gesichtsform oft schmatzende Atemgeräusche von sich.

NIESEN UND NASENERKRANKUNGEN

NASENBLUTEN

Vorgehensweise bei Nasenbluten:

- Schaffen Sie Ihrer Katze eine ruhige und geschützte Umgebung.
- Legen Sie ihr fünf Minuten lang einen kalten Umschlag auf die Nase. Gefrorene Erbsen in einer Plastiktüte eignen sich sehr gut.
- Decken Sie das blutende Nasenloch mit saugfähigem Material ab.
- Gehen Sie noch am gleichen Tag zum Tierarzt.

Folgendes sollten Sie unterlassen:

- Ziehen Sie den Kopf Ihrer Katze nicht nach hinten, um das Bluten zu stoppen.
- Stecken Sie nichts in das blutende Nasenloch. Dadurch wird nur ein Niesreiz ausgelöst.

FREMDKÖRPER IN DER NASE

Sehen Sie in der Nase Ihrer Katze einen Fremdkörper (zum Beispiel einen Samen oder einen Grashalm), dann entfernen Sie diesen vorsichtig mit einer Pinzette.

NASENNEBENHÖHLENENTZÜNDUNG

Entzündungen der Nebenhöhlen führen dazu, dass ständig Schleim aus der Nase fließt. Dadurch werden oft Niesanfälle erzeugt, bei denen große Mengen einer grüngelben Substanz austreten. Zusätzlich könnte auch eine Augenentzündung (Bindehautentzündung) vorliegen. Entzündungen der Nasennebenhöhlen lassen sich ohne längere Antibiotikabehandlung meist nur schwer in den Griff bekommen.

Eine ungewöhnliche Form der Sinusitis wird durch den *Cryptococcus*-Pilz ausgelöst, der in Vogelkot enthalten sein kann. Er kann für Katzen mit einem schwachen Immunsystem ein erhebliches Gesundheitsrisiko darstellen.

HUSTEN, WÜRGEN UND ERSTICKEN

Husten wird durch eine Reizung der Lunge oder Luftröhre ausgelöst. Zum Würgen kommt es bei einer Reizung des Rachens. Ein Erstickungsanfall wird durch eine blockierte Luftröhre ausgelöst und ist ein akuter Notfall. Warten Sie nicht auf den Tierarzt, sondern versuchen Sie, die Ursache für den Erstickungsanfall zu beseitigen.

Übliche Symptome: Husten

Übliche Symptome: Würgen

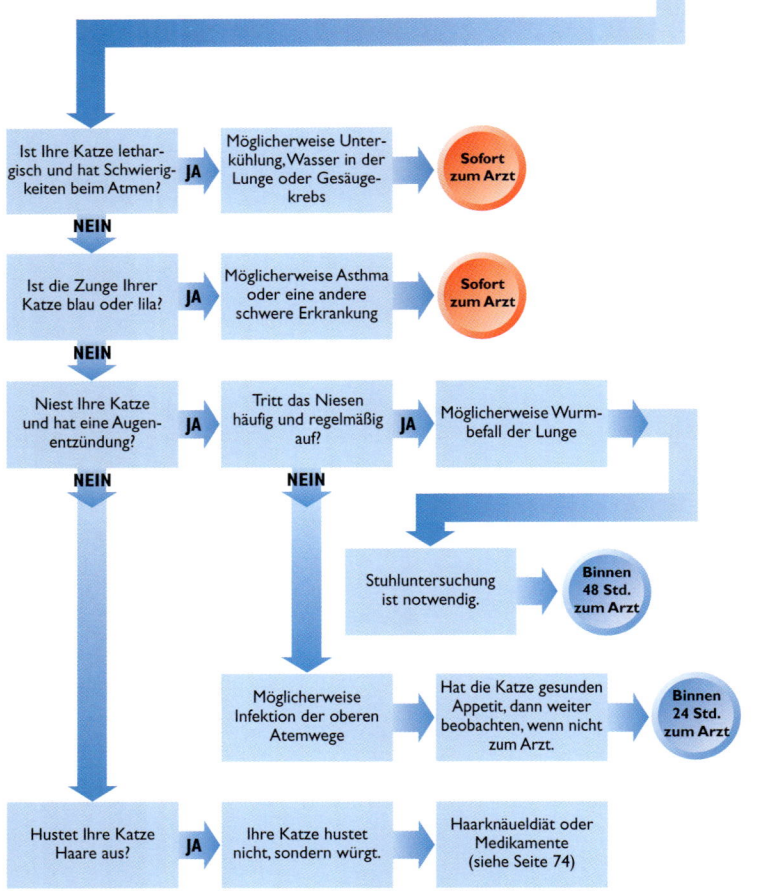

Ist Ihre Katze lethargisch und hat Schwierigkeiten beim Atmen? **JA** → Möglicherweise Unterkühlung, Wasser in der Lunge oder Gesäugekrebs → **Sofort zum Arzt**

NEIN

Ist die Zunge Ihrer Katze blau oder lila? **JA** → Möglicherweise Asthma oder eine andere schwere Erkrankung → **Sofort zum Arzt**

NEIN

Niest Ihre Katze und hat eine Augenentzündung? **JA** → Tritt das Niesen häufig und regelmäßig auf? **JA** → Möglicherweise Wurmbefall der Lunge

NEIN

Stuhluntersuchung ist notwendig. → **Binnen 48 Std. zum Arzt**

Möglicherweise Infektion der oberen Atemwege → Hat die Katze gesunden Appetit, dann weiter beobachten, wenn nicht zum Arzt. → **Binnen 24 Std. zum Arzt**

Hustet Ihre Katze Haare aus? **JA** → Ihre Katze hustet nicht, sondern würgt. → Haarknäueldiät oder Medikamente (siehe Seite 74)

HUSTEN, WÜRGEN UND ERSTICKEN

FREMDKÖRPER IM MAUL, KATZE WACH

1. Wickeln Sie Ihre Katze fest in ein großes Handtuch oder eine Decke.

2. Packen Sie den Oberkiefer von oben, und drücken Sie die Lefzen gegen die oberen Zähne.

3. Ziehen Sie mit der anderen Hand den Unterkiefer nach unten. Drücken Sie der Katze mit der ersten Hand die Wangen zwischen die Zähne.

4. Entfernen Sie mit dem Griff eines Löffels den Gegenstand, der auf den Zähnen oder am Gaumen sitzt. Achten Sie darauf, dass der Gegenstand nicht wieder in den Hals rutscht.

ERSTICKUNGSANFALL, KATZE WACH

1. Legen Sie Ihre Katze auf die Seite mit dem Rücken zu sich. Legen Sie eine Hand hinter dem Brustkorb auf, und drücken Sie gleichzeitig nach vorne und nach oben.

2. Alternativ können Sie auch beide Hände seitlich auf den Bauch legen und fest nach vorne und nach oben drücken.

ERSTICKEN VERMEIDEN

Ersticken kann durch viele Gegenstände in Haus und Garten verursacht werden. Bewahren Sie beispielsweise Küchenabfälle, Watte, Nähzeug und ähnliches immer sicher auf. Wenn ein Faden aus dem Maul Ihrer Katze hängt, nicht ziehen oder abschneiden, sondern sofort zum Tierarzt.

ERSTICKUNGSANFALL, KATZE BEWUSSTLOS

1. Legen Sie die Katze auf die Seite, und platzieren Sie Ihren Handballen unter den letzten Rippenbogen.

2. Ruckartig drücken, um die Atemhemmung aufzulösen.

3. Vorsichtig mit den Fingern alle Fremdkörper aus dem Maul Ihrer Katze entfernen.

4. Wenn nötig, künstliche Beatmung und Herzmassage durchführen (siehe Seite 34-37).

5. War eine Wiederbelebung nötig, bringen Sie Ihre Katze sofort zum Tierarzt.

ANDERE URSACHEN FÜR ERSTICKEN

Verletzungen an Hals oder Kehle und allergische Reaktionen können zu Schwellungen im Rachen führen. Auch an Erbrochenem kann eine Katze ersticken.

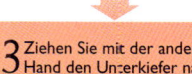

Ist das Zahnfleisch Ihrer Katze bläulich? Kratzt sie sich hektisch das Gesicht? — **JA** → Vielleicht hat Ihre Katze einen Erstickungsanfall. → **Siehe obige Behandlung**

NEIN

Frisst Ihre Katze zu wenig, und hat sie blutigen oder übelriechenden Speichel? — **JA** → Möglicherweise ein Fremdkörper oder Tumor im hinteren Halsbereich → **Sofort zum Arzt**

NEIN

Schluckt Ihre Katze ständig? — **JA** → Ihre Katze könnte eine Halsentzündung haben. → **Binnen 48 Std. zum Arzt**

MUNDGERUCH

Mundgeruch (Halitosis) ist meist die Folge unzureichender Mundhygiene und bakteriellen Zahnbelags. Auch Mundinfektionen oder, bei älteren Katzen, Tumore im Mundbereich können die Ursache sein. Mundgeruch kann auch Symptom ernsterer Erkrankungen wie Diabetes, Nierenkrankheiten oder Fehlfunktionen des Verdauungsapparates sein.

Übliche Symptome

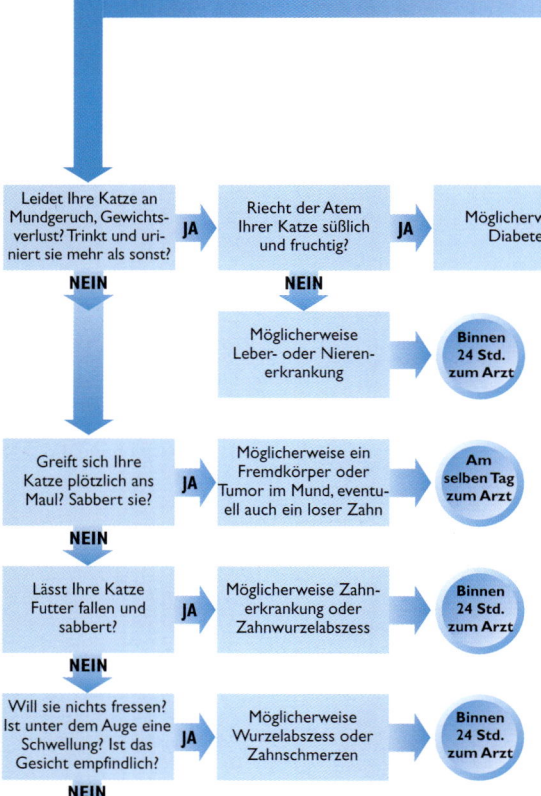

MUNDHYGIENE

Mundgeruch ist oft Ergebnis unzureichender Mundhygiene, kann aber auch durch eine Virusinfektion im frühen Lebensalter entstehen.

Die beste Pflege für Zähne und Zahnfleisch ist die natürliche Nutzung: Reißen, Knabbern und Kauen. Vor allem für Kätzchen mit Zahnfleischentzündung und viral bedingtem Mundgeruch ist das wichtig.

Fragen Sie Ihren Tierarzt, ob Sie der Katze Knochen anbieten sollen. Die meisten Katzen kauen Knochen gründlich und schlingen sie nicht hinunter. Daher ist das Verletzungsrisiko gering.

MUNDGERUCH

Bei zahnenden Kätzchen kann es vorübergehend zu Mundgeruch kommen.

TUMORE IM MUNDBEREICH

Tumore im Maul sind leider bei älteren Katzen keine Seltenheit. Sie können auf der Zunge, am Kiefer oder am Gaumen entstehen. Kiefertumore müssen von Kieferknocheninfektionen unterschieden werden – letztere entstehen durch eine unbehandelte Zahnwurzelentzündung. Schwellungen im Mundbereich, die zusammen mit Mundgeruch auftreten, sollten sofort vom Tierarzt untersucht werden.

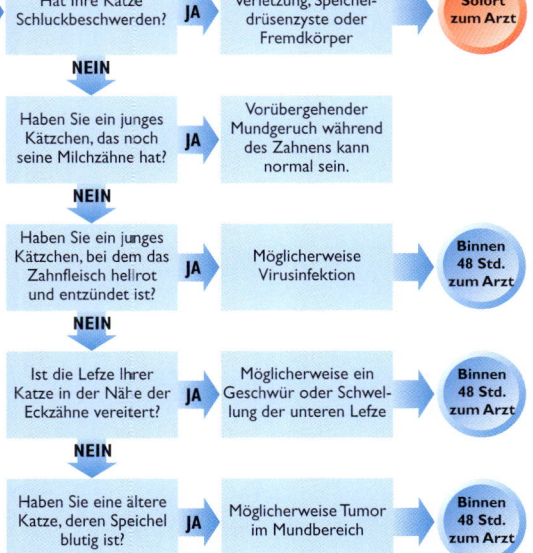

ÜBERMÄSSIGES SABBERN

Katzen sabbern häufig, und oft sind Kleinigkeiten die Ursache. Es muss nur etwas nicht gut schmecken – sei es Medizin, Futter oder übliche Reinigungsmittel, und schon entsteht ein richtiger Wasserfall an Speichel. Starkes Sabbern kann auch zusammen mit Reiseübelkeit auftreten. Ernster zu nehmen sind Nervengifte, Erkrankungen im Mundbereich sowie Verdauungs- und Stoffwechselstörungen wie beispielsweise Nierenversagen – all das kann ebenfalls zu starkem Sabbern führen. Sabbert Ihre Katze stark und Sie wissen nicht warum, dann wenden Sie sich sofort an Ihren Tierarzt!

SYMPTOME ERKENNEN

DIE ATMUNG

Bei den meisten Atembeschwerden wird Ihre Katze versuchen durch verstärkten Bauchmuskeleinsatz mehr Luft zu bekommen. Atembeschwerden, die mit Luftröhre oder Lunge zu tun haben, fallen in der Regel sofort auf. Werden sie aber durch Flüssigkeitsansammlungen in Brust oder Bauch verursacht, treten sie oft nur schleichend zu Tage. Sie können sehr ernst sein und werden oft durch Verletzungen, Herz- oder Lebererkrankungen oder möglicherweise tödliche Virusinfektionen verursacht.

Übliche Symptome

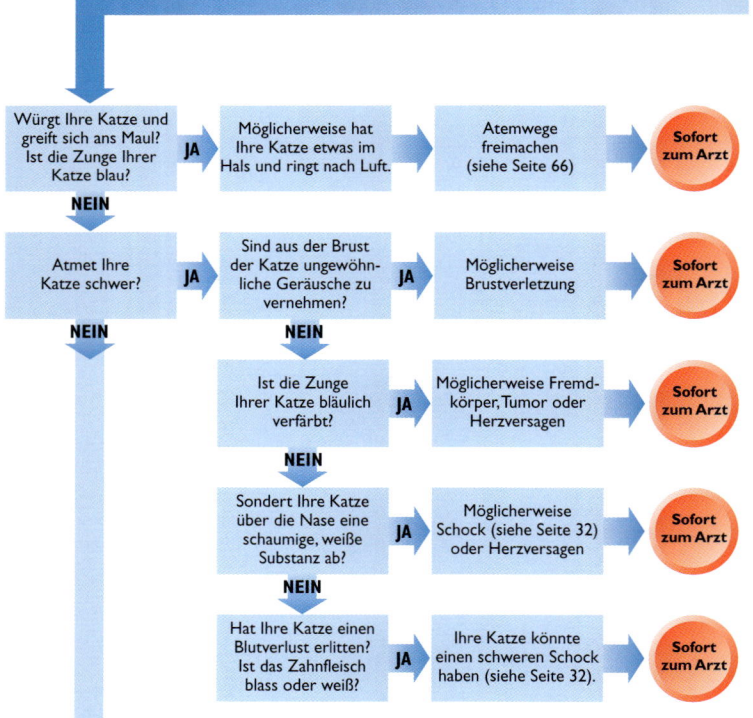

DIE ATMUNG

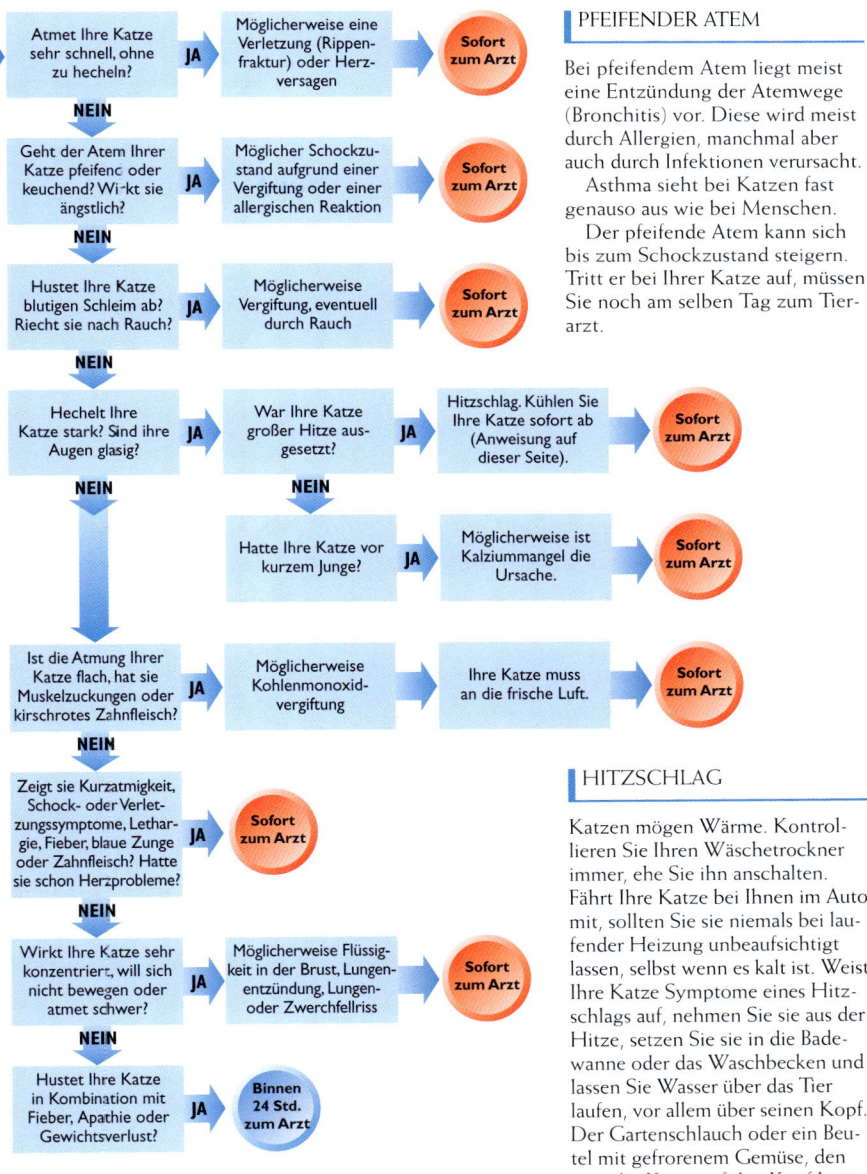

PFEIFENDER ATEM

Bei pfeifendem Atem liegt meist eine Entzündung der Atemwege (Bronchitis) vor. Diese wird meist durch Allergien, manchmal aber auch durch Infektionen verursacht.

Asthma sieht bei Katzen fast genauso aus wie bei Menschen.

Der pfeifende Atem kann sich bis zum Schockzustand steigern. Tritt er bei Ihrer Katze auf, müssen Sie noch am selben Tag zum Tierarzt.

HITZSCHLAG

Katzen mögen Wärme. Kontrollieren Sie Ihren Wäschetrockner immer, ehe Sie ihn anschalten. Fährt Ihre Katze bei Ihnen im Auto mit, sollten Sie sie niemals bei laufender Heizung unbeaufsichtigt lassen, selbst wenn es kalt ist. Weist Ihre Katze Symptome eines Hitzschlags auf, nehmen Sie sie aus der Hitze, setzen Sie sie in die Badewanne oder das Waschbecken und lassen Sie Wasser über das Tier laufen, vor allem über seinen Kopf. Der Gartenschlauch oder ein Beutel mit gefrorenem Gemüse, den man der Katze auf den Kopf legt, erfüllen denselben Zweck.

VERÄNDERTES FRESSVERHALTEN

Katzen lieben Routine, auch beim Fressen. Wechseln Sie die Futtersorte, kann sich das auf den Appetit Ihrer Katze auswirken. Auch wenn manche Katzen immer hungrig sind, kann gesteigerter Appetit ein Anzeichen für eine Überfunktion der Schilddrüse sein. Appetitlosigkeit ist fast immer ein zwingender Grund für einen Besuch beim Tierarzt.

Übliche Symptome

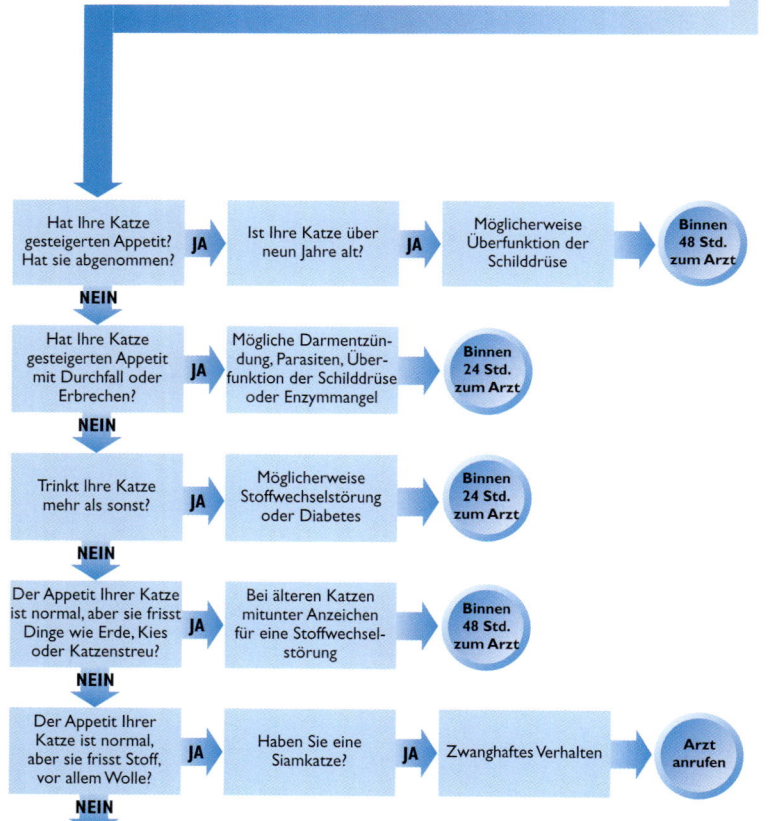

VERÄNDERTES FRESSVERHALTEN

HAUSHALT MIT MEHREREN KATZEN

Nimmt eine Katze zu, die andere jedoch nicht, dann sollten Sie darauf achten, wie viel jede frisst. Es ist nicht ungewöhnlich, dass eine von beiden den Löwenanteil an Futter für sich beansprucht. Trifft dies zu und wird das Übergewicht der einen Katze zum Gesundheitsproblem, gibt es nur eine Lösung: Beobachten Sie Ihre Katzen beim Fressen und lassen Sie gefüllte Fressnäpfe nie unbeaufsichtigt.

WIE MEDIKAMENTE SICH AUF DEN APPETIT AUSWIRKEN

Bekommt Ihre Katze Medikamente, sollten Sie den Tierarzt fragen, ob und wie sich diese auf den Appetit der Katze auswirken. Manche Präparate, wie Kortikosteroide, verstärken den Hunger deutlich. Medikamente wie Antibiotika können vorübergehend einen Appetitmangel oder gar einen Appetitverlust bewirken.

GEWICHTSZUNAHME BEI FREIGÄNGERN

Lebt Ihre Katze nicht nur im Haus und nimmt plötzlich zu, könnte sie sich eine neue Nahrungsquelle erschlossen haben (Kleintiere, Abfall, Futter vom Nachbarn). Manche Katzen führen auch ein Doppelleben in zwei Haushalten. Verändern Sie die Futtermenge entsprechend der zusätzlich konsumierten Nahrung.

Ihre Katze geht raus? Lassen Sie sie vom Tierarzt auf eine mögliche Schwangerschaft hin untersuchen.

SYMPTOME ERKENNEN

ERBRECHEN

Erbrechen kann durch Störungen im Verdauungstrakt hervorgerufen werden, aber auch andere Gründe haben. Lecken oder Schürzen der Lefzen, Sabbern, Würgen und Schlucken sind Zeichen für Übelkeit und können dem Erbrechen vorausgehen. Ausgewürgte, mit Schleim überzogene Nahrung weist auf ein Speiseröhrenproblem hin und ist nicht mit Erbrechen zu verwechseln.

Übliche Symptome

- Haben Sie ein Kätzchen, das sich akut erbricht? **JA** → Möglicherweise Spulwurmbefall oder andere Erkrankung → **Binnen 24 Std. zum Arzt**
- **NEIN**
- Knabbert Ihre Katze an Pflanzen oder Gras oder jagt sie Kleintiere, die sie verzehrt? **JA** → Möglicherweise Reizung → **Arzt anrufen**
- **NEIN**
- Ist das Erbrochene Ihrer Katze röhrenförmig und enthält Haare? **JA** → Vermutlich Haarballen → Haarballendiät oder Medikamente gegen Haarballen.
- **NEIN**
- Erbricht sich Ihre Katze zwei bis drei Mal pro Woche? **JA** → **Arzt anrufen**
- **NEIN**
- Befindet sich im Erbrochenen frisches Blut? **JA** → **Binnen 24 Std. zum Arzt**
- **NEIN**
- Ist das Erbrochene fest und schwarz oder eher flüssig? **JA** → Verstopfung, Parasitenbefall, Nieren- oder Lebererkrankung, Stoffwechselstörung, Geschwür, Tumor, Fremdkörper, Blutung oder Reaktion auf Medikamente → **Am selben Tag zum Arzt**
- **NEIN**

HAARKNÄUELDIÄT

Viele Hersteller bieten spezielle Futtermischungen für langhaarige Katzen an, welche bei der Verdauung von Haaren helfen, die während der Fellpflege verschluckt werden.

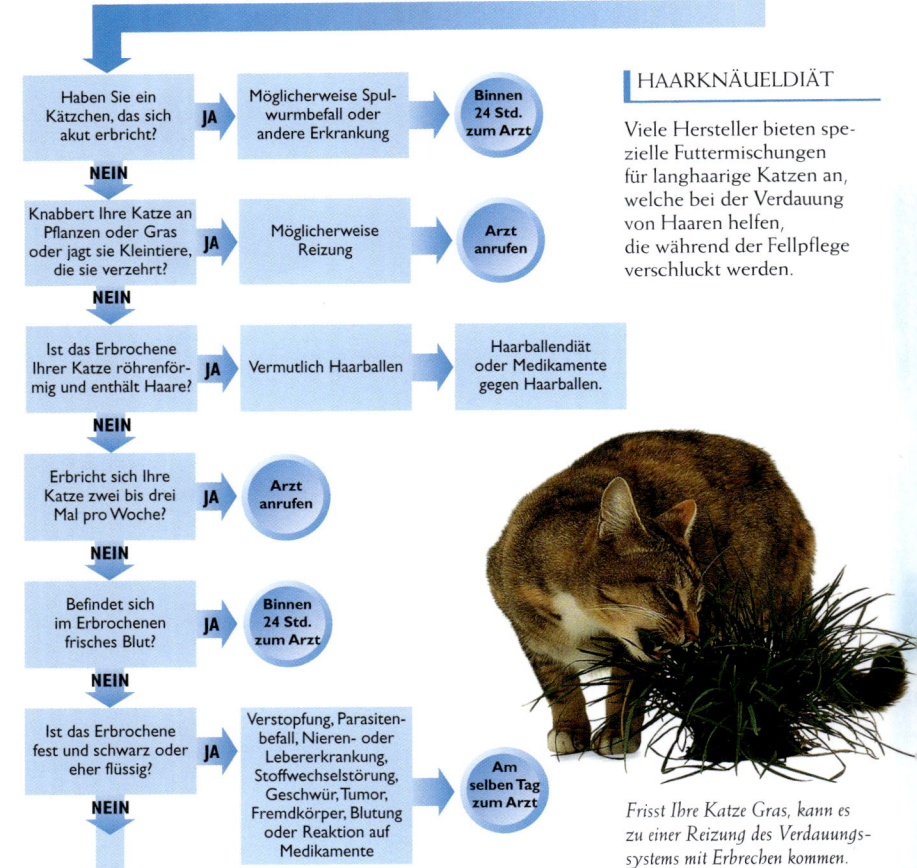

Frisst Ihre Katze Gras, kann es zu einer Reizung des Verdauungssystems mit Erbrechen kommen.

ERBRECHEN

ÜBELKEIT

Katzen, die an Übelkeit leiden, fressen nicht und sabbern. Vor dem Erbrechen jaulen sie häufig. Bürsten Sie Ihre Katze täglich und wechseln Sie nicht plötzlich das Futter. Geht das Erbrechen mit Durchfall oder Schwierigkeiten beim Urinieren einher oder frisst die Katze Wolle, sofort zum Arzt!

SCHOCKZUSTAND

Anzeichen für einen Schock sind folgende:

- Blasses oder weißes Zahnfleisch
- Beschleunigter Puls, doppelt so schnell wie üblich
- Beschleunigte Atmung, mehr als 30 Atemzüge pro Minute
- Unruhe, gefolgt von Schwäche

BEHANDLUNG EINFACHEN ERBRECHENS

1 Futter absetzen und Trinken einschränken.

2 Nach sechs bis acht Stunden bieten Sie Ihrer Katze zwei bis drei Teelöffel leicht verdauabare Nahrung an (Reis mit Huhn).

3 Nach sechs bis acht Stunden darf die Katze wieder mehr trinken. Geben Sie ihr kleinere Mengen in kürzeren Abständen.

4 Hört das Erbrechen auf, geben Sie der Katze alle zwei Stunden etwas Futter. Am nächsten Tag kann wieder auf normale Ernährung umgestellt werden.

5 Ist Ihre Katze dehydriert, hat sie einen Schock (siehe Seite 32) oder ist sie anderweitig krank oder verletzt, sollten Sie sie auf einen Schock hin behandeln und sofort den Tierarzt aufsuchen.

Kätzchen sollte niemals die Nahrung entzogen werden, da dies zu einer gefährlichen Absenkung des Blutzuckerspiegels führen könnte. Falls sich Ihr Kätzchen erbricht, sollten Sie sich an Ihren Tierarzt wenden.

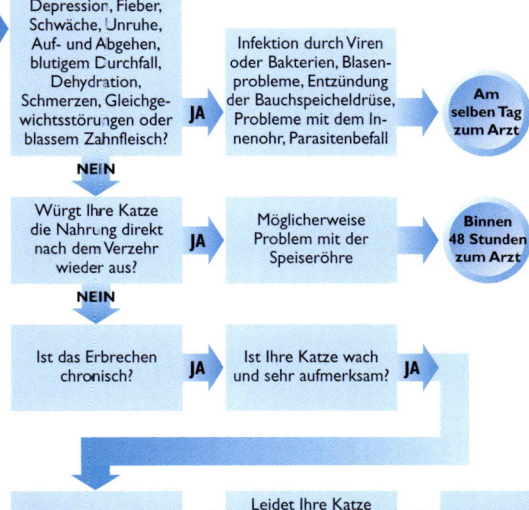

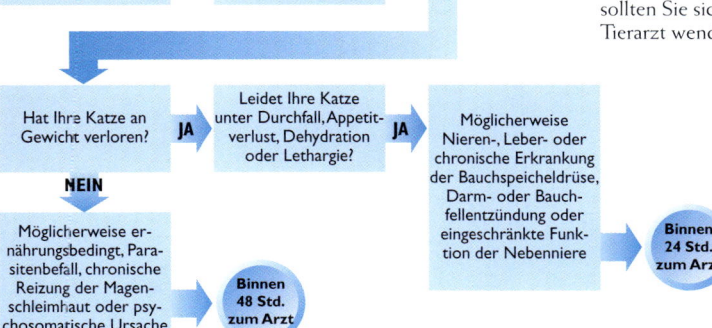

SYMPTOME ERKENNEN

DURCHFALL

Hauptursachen für Durchfall sind Parasiten oder falsche Ernährung. Er kann auch eine Begleiterscheinung bei Infektionen, verminderter Nährstoffaufnahme, Tumoren, Allergien oder Stoffwechselstörungen sein. Durchfall ist eine Verteidigungsmaßnahme des Körpers, der so unerwünschte Substanzen ausscheidet. Bei chronischem Durchfall müssen Sie aber zum Tierarzt.

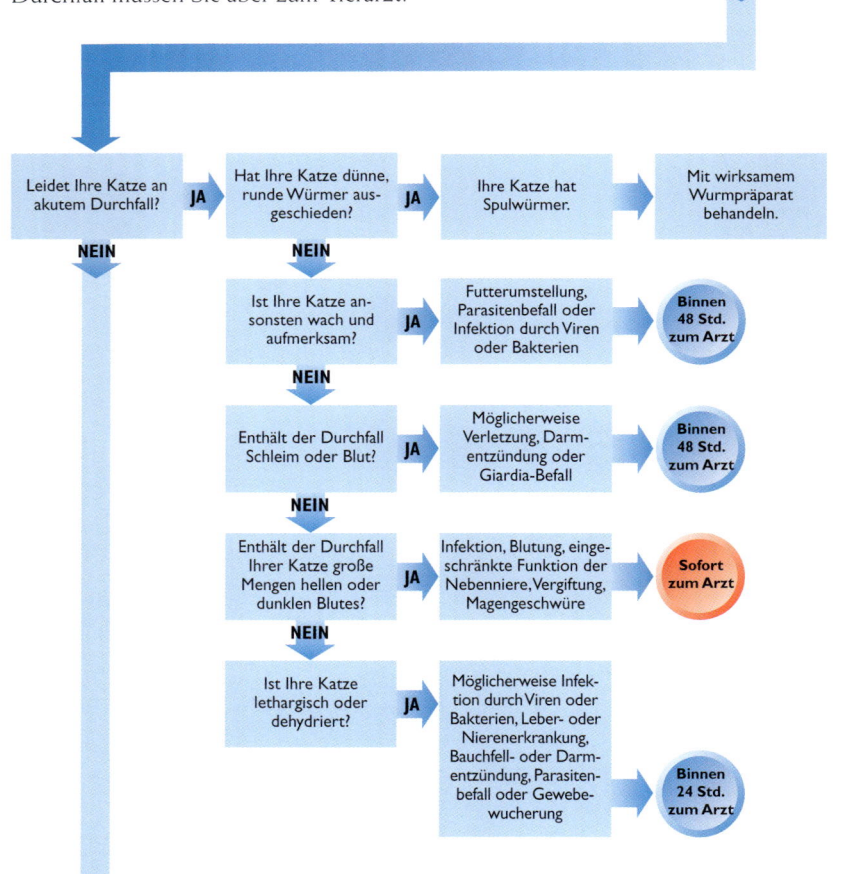

Übliche Symptome

Leidet Ihre Katze an akutem Durchfall? — **JA** → Hat Ihre Katze dünne, runde Würmer ausgeschieden? — **JA** → Ihre Katze hat Spulwürmer. → Mit wirksamem Wurmpräparat behandeln.

NEIN ↓ / **NEIN** ↓

Ist Ihre Katze ansonsten wach und aufmerksam? — **JA** → Futterumstellung, Parasitenbefall oder Infektion durch Viren oder Bakterien → **Binnen 48 Std. zum Arzt**

NEIN ↓

Enthält der Durchfall Schleim oder Blut? — **JA** → Möglicherweise Verletzung, Darmentzündung oder Giardia-Befall → **Binnen 48 Std. zum Arzt**

NEIN ↓

Enthält der Durchfall Ihrer Katze große Mengen hellen oder dunklen Blutes? — **JA** → Infektion, Blutung, eingeschränkte Funktion der Nebenniere, Vergiftung, Magengeschwüre → **Sofort zum Arzt**

NEIN ↓

Ist Ihre Katze lethargisch oder dehydriert? — **JA** → Möglicherweise Infektion durch Viren oder Bakterien, Leber- oder Nierenerkrankung, Bauchfell- oder Darmentzündung, Parasitenbefall oder Gewebewucherung → **Binnen 24 Std. zum Arzt**

DURCHFALL

BEHANDLUNG VON DURCHFALL

Meistens verschwindet Durchfall von selbst. Die Katze entledigt sich dessen, was Magen und Darm reizt.

Nach einem Auftreten von Durchfall sollte das Futter Ihrer Katze leicht verdaulich sein – fettarmes Huhn und Reis bieten sich an. Futter mit ausgewogenen Anteilen an Faser- und Ballaststoffen fördert die Vermehrung erwünschter Mikroorganismen im Darm und unterdrückt die unerwünschten. Viele der im Handel erhältlichen Futtersorten eignen sich für eine derart ausgewogene Ernährung.

DEHYDRATION

Erbrechen und Durchfall gehen mit dem Verlust von Körperflüssigkeit einher. Dies ist auch der Fall, wenn die Katze fiebert, durch Hitze geschwächt ist oder kein Wasser hat.

Dehydration ist nicht zu unterschätzen. Wenn Sie die Haut Ihrer Katze am Nacken mit zwei Fingern nach oben ziehen, sollte sie gleich wieder zurückschnellen. Ist die Katze ausgetrocknet, verliert die Haut allerdings an Elastizität. Schnellt die Haut nicht gleich wieder zurück, fehlt Ihrer Katze Flüssigkeit. Wenden Sie sich sofort an Ihren Tierarzt.

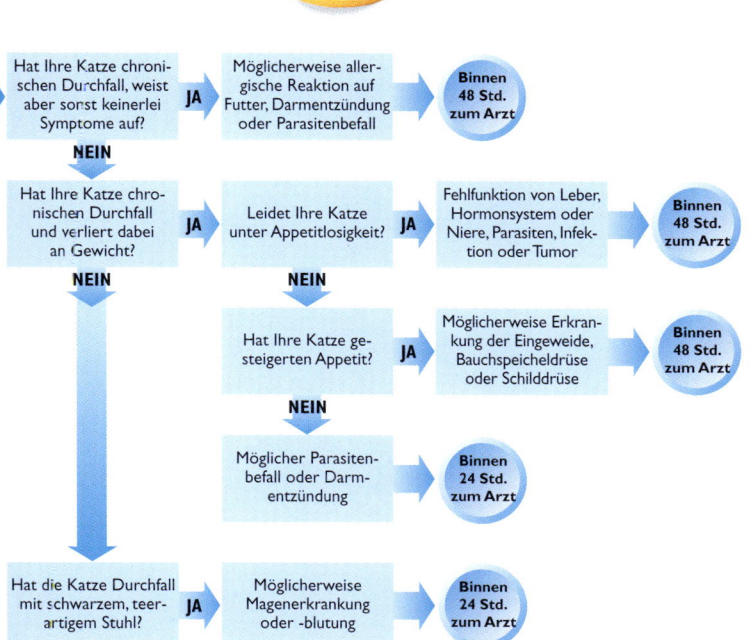

Hat Ihre Katze gesteigerten Appetit und nimmt trotzdem ab, müssen Sie mit ihr zum Tierarzt.

Hat Ihre Katze chronischen Durchfall, weist aber sonst keinerlei Symptome auf? **JA** → Möglicherweise allergische Reaktion auf Futter, Darmentzündung oder Parasitenbefall → **Binnen 48 Std. zum Arzt**

NEIN

Hat Ihre Katze chronischen Durchfall und verliert dabei an Gewicht? **JA** → Leidet Ihre Katze unter Appetitlosigkeit? **JA** → Fehlfunktion von Leber, Hormonsystem oder Niere, Parasiten, Infektion oder Tumor → **Binnen 48 Std. zum Arzt**

NEIN / **NEIN**

Hat Ihre Katze gesteigerten Appetit? **JA** → Möglicherweise Erkrankung der Eingeweide, Bauchspeicheldrüse oder Schilddrüse → **Binnen 48 Std. zum Arzt**

NEIN

Möglicher Parasitenbefall oder Darmentzündung → **Binnen 24 Std. zum Arzt**

Hat die Katze Durchfall mit schwarzem, teerartigem Stuhl? **JA** → Möglicherweise Magenerkrankung oder -blutung → **Binnen 24 Std. zum Arzt**

VERSTOPFUNG

Leichte Verstopfung, die einen Tag dauert, ist kein Grund zur Sorge und wird meist durch schwer verdauliches Futter verursacht. Dauert eine Verstopfung länger oder tritt als Folge von Durchfall auf, dann ist professioneller Rat gefragt. Oft werden Schwierigkeiten beim Wasserlassen und beim Absetzen von Urin und Kot miteinander verwechselt. Sind Sie unsicher, sollten Sie noch am selben Tag zum Tierarzt.

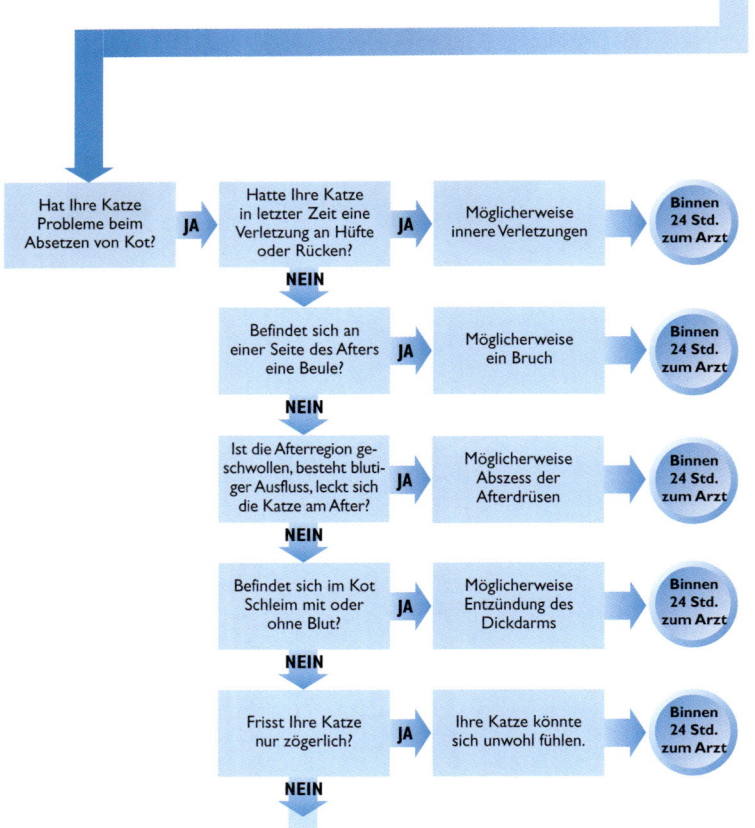

BEHANDLUNG VON VERSTOPFUNG

Ist der Stuhl Ihrer Katze klein und hart, das Tier aber ansonsten gesund, mischen Sie Faserstoffe ins Futter und verabreichen Sie ein Abführmittel für Katzen. Dieses besteht meist aus leckerem Futter und etwas Paraffin. Hatte Ihre Katze seit mehr als zwei Tagen keinen Stuhlgang oder fühlt sich sichtlich unwohl, sollten Sie mit ihr zum Tierarzt gehen, der gegebenenfalls einen Einlauf vornimmt.

VERSTOPFUNG, DURCHFALL ODER HARNWEGSERKRANKUNG?

Verdauungsprobleme stehen manchmal in Zusammenhang mit einer Darmentzündung, verhärtetem Stuhl im Dickdarm oder einem Harnwegsproblem. Hatte Ihre Katze gerade Durchfall, könnte dieser eine Darmentzündung hervorgerufen haben. Schwierigkeiten beim Urinieren werden eher durch eine Erkrankung der Harnwege verursacht als durch eine Störung im Darmtrakt.

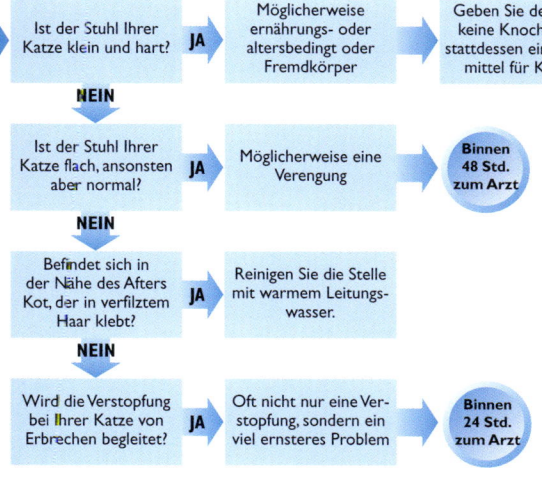

Hält sich Ihre Katze deutlich länger als sonst auf ihrem Katzenklo auf, dann könnte eine Verstopfung dafür verantwortlich sein.

DAS VERFÜTTERN VON KNOCHEN

Beim Verzehr von Knochen können Katzen Zähne und Zahnfleisch massieren. Zu viele Knochen rufen aber oft Verstopfung hervor, vor allem bei älteren Katzen. Ein gekochter Hühnerhals pro Woche ist meist in Ordnung, aber Sie sollten beim Verzehr anwesend sein, um zu verhindern, dass Knochen verschluckt werden.

Ist der Stuhl Ihrer Katze klein und hart? → **JA** → Möglicherweise ernährungs- oder altersbedingt oder Fremdkörper → Geben Sie der Katze keine Knochen und stattdessen ein Abführmittel für Katzen. → **Arzt anrufen**

NEIN ↓

Ist der Stuhl Ihrer Katze flach, ansonsten aber normal? → **JA** → Möglicherweise eine Verengung → **Binnen 48 Std. zum Arzt**

NEIN ↓

Befindet sich in der Nähe des Afters Kot, der in verfilztem Haar klebt? → **JA** → Reinigen Sie die Stelle mit warmem Leitungswasser.

NEIN ↓

Wird die Verstopfung bei Ihrer Katze von Erbrechen begleitet? → **JA** → Oft nicht nur eine Verstopfung, sondern ein viel ernsteres Problem → **Binnen 24 Std. zum Arzt**

AUFGEBLÄHTER BAUCH

Die einzige normale Ursache für einen dicken Bauch ist eine Schwangerschaft. Er kann aber auch ein Anzeichen von Übergewicht sein. Ein aufgeblähter Unterleib kann durch Darmgase verursacht werden oder aber durch Würmer. Schlimmer sind Flüssigkeit in der Bauchhöhle, eine Verlegung der Harnwege, eine Vergrößerung von Leber oder Milz oder ein Tumor.

Übliche Symptome

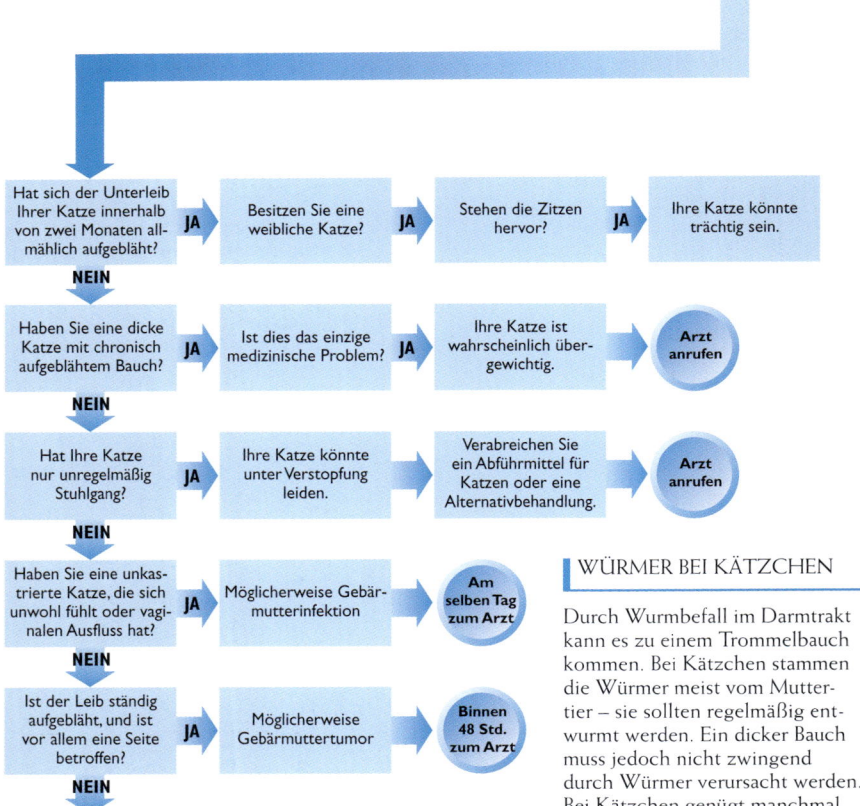

WÜRMER BEI KÄTZCHEN

Durch Wurmbefall im Darmtrakt kann es zu einem Trommelbauch kommen. Bei Kätzchen stammen die Würmer meist vom Muttertier – sie sollten regelmäßig entwurmt werden. Ein dicker Bauch muss jedoch nicht zwingend durch Würmer verursacht werden. Bei Kätzchen genügt manchmal schon eine große Mahlzeit.

AUFGEBLÄHTER BAUCH

BAUCHFELLENT-ZÜNDUNG (FIP)

FIP ist eine genetische Mutation des felinen Coronavirus (FeCV).

Flüssigkeitsansammlungen in der Bauchhöhle, die zu einem Blähbauch führen, sind ein typisches FIP-Symptom, vor allem bei jungen Katzen. FIP kann allerdings auch eine Reihe weniger auffälliger Symptome verursachen (siehe Seite 23).

FeCV lässt sich mit einem allgemeinen Bluttest nachweisen, für FIP gibt es allerdings noch keinen Einzeltest. Ist eine Katze FeCV-positiv, muss das nicht unbedingt eine FIP-Erkrankung bedeuten. Zur FIP-Diagnose gehören eine Reihe verschiedener Symptome. Der positive FeCV-Bluttest ist nur eines davon.

SCHWABBELBAUCH

Überschüssiges Fett speichern Katzen im Bauch und im Gewebe zwischen Bauch und Haut. Dieser Fettspeicher im Bereich der Zitzen kann sehr groß werden und sogar anfangen, von einer Seite zur anderen zu schwabbeln, wenn die Katze läuft. Dieses Phänomen tritt bei kastrierten Katzen häufig auf, vor allem bei Langhaarkatzen. Das Problem ist jedoch eher ästhetischer als medizinischer Natur.

HERZLEIDEN

Herzleiden treten bei Katzen häufiger auf, als früher angenommen wurde. Bei manchen Katzen führt eine Herzschwäche zu einem Blutstau, der die Leber anschwellen lässt. Nach einer Weile tritt Flüssigkeit an der Leberoberfläche aus und sammelt sich in der Bauchhöhle, wodurch ein dicker Bauch entsteht.

Bei kastrierten Katzen kommt es manchmal zur Bildung von Schwabbelfett. Dies ist jedoch kein medizinisches Problem.

ÜBERMÄSSIGES TRINKEN

Übermäßiges Trinken ist oft das erste äußerlich sichtbare Anzeichen für eine innere Störung. Meist tritt es in Verbindung mit häufigem Absetzen von Urin auf. Wenn der Flüssigkeitskonsum Ihrer Katze gestiegen ist, sollten Sie zum Tierarzt gehen, besonders wenn sie älter als acht Jahre ist, zu viel wiegt oder Diabetesgefahr besteht. Nehmen Sie eine Urinprobe der Katze mit.

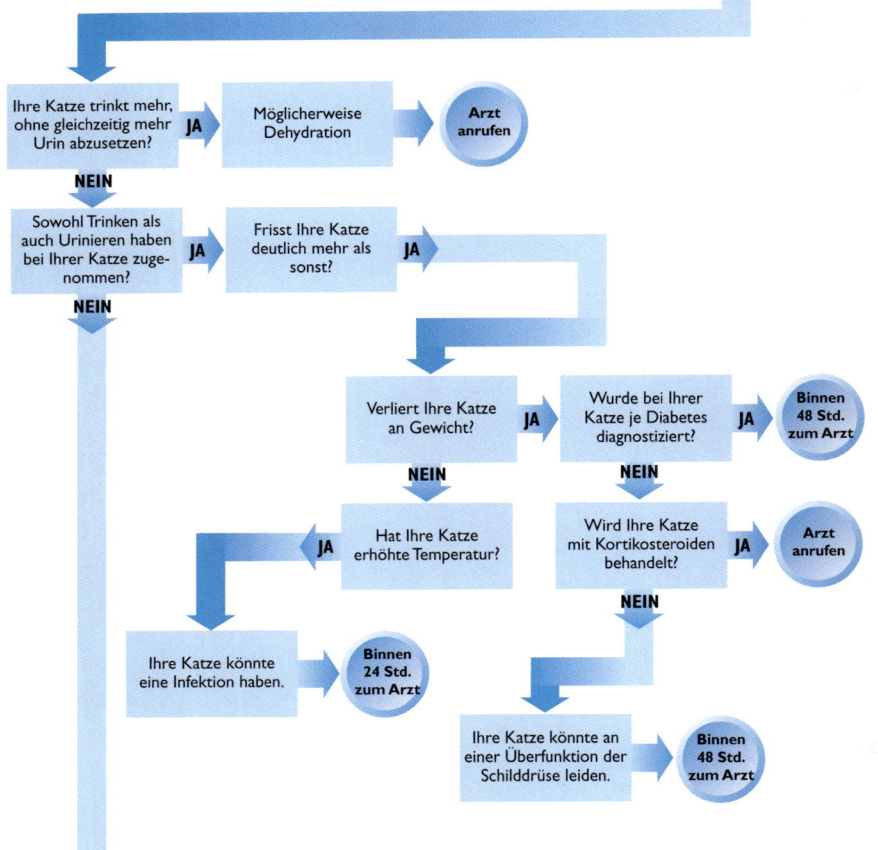

ÜBERMÄSSIGES TRINKEN

TRINKVERHALTEN ÄLTERER KATZEN

Dass Katzen mehr trinken, wenn Sie von Nass- auf Trockenfutter wechseln, es heiß ist oder sie sich angestrengt haben, ist normal.

Übermäßiges Trinken ist medizinisch jedoch immer von Bedeutung.

Ihre Katze sollte im Alter nicht anfangen, mehr zu trinken.

Haben Sie den Eindruck, dass sie mehr trinkt, sollten Sie genau abgemessene Mengen Wasser geben und überprüfen, wie viel sie zu sich nimmt. Mit diesen Informationen und einer Probe des Morgenurins Ihrer Katze sollten Sie den Tierarzt aufsuchen.

Trinkt Ihre Katze mehr als sonst, kann dies ein Anzeichen für eine schwere Erkrankung sein. Gehen Sie mit ihr zum Tierarzt.

ZUCKERKRANKE KATZEN

Bei Diabetes ist der Blutzuckerspiegel zu hoch. Er wird vom Insulin, einem Bauchspeicheldrüsenhormon, kontrolliert. Schafft es eine Katze nicht, die notwendige Insulinmenge zu erzeugen, muss das Insulin eventuell gespritzt werden, um lebensbedrohliche Auswirkungen zu verhindern.

Bei manchen Katzen lässt sich Diabetes durch einen ballaststoffreichen Ernährungsplan in den Griff bekommen. Bei anderen ist der Zustand nur vorübergehend und gibt sich nach einer gewissen Zeit des Insulinspritzens.

KATZENKLO KONTROLLIEREN

Es kann mitunter schwierig sein festzustellen, ob Ihre Katze mehr trinkt als sonst, vor allem, wenn sie das Wasser nicht nur aus dem eigenen Napf erhält. Falls Ihre Katze ein Katzenklo benutzt und dieses häufiger sauber gemacht werden muss als sonst, ist dies auch ein sicherer Hinweis darauf, dass Ihre Katze mehr trinkt als üblich.

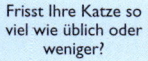

Frisst Ihre Katze so viel wie üblich oder weniger? → JA → Riecht Ihre Katze seltsam, ist sie lethargisch, hat sie abgenommen, oder erbricht sie sich? → JA → Möglicherweise Nieren- oder Leberversagen oder Lebererkrankung → **Binnen 24 Std. zum Arzt**

NEIN ↓

Ist Ihre Katze nicht kastriert? → JA → Möglicherweise eine Gebärmutterinfektion → **Sofort zum Arzt**

HARNWEGSERKRANKUNGEN

Schwierigkeiten beim Urinieren sind nichts Ungewöhnliches, vor allem bei übergewichtigen Katern, die hauptsächlich im Haus leben und sich nur wenig bewegen. Sie können aber auch Anzeichen für einen lebensbedrohlichen Zustand sein – eine Blockierung der Harnwege. Achten Sie auf folgende Anzeichen: häufiges Lecken der Vorhaut, Schmerzen, Appetitverlust oder Erbrechen. Bei übermäßigem Harnfluss muss auf jeden Fall der Tierarzt aufgesucht werden.

Übliche Symptome

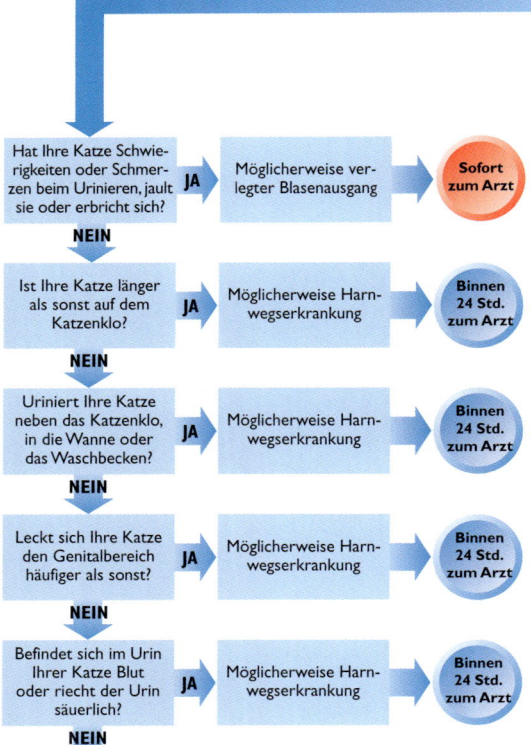

HARNWEGS-ERKRANKUNGEN

Bei einer Katze, die Probleme mit dem Wasserlassen hat, kann eine Störung in den unteren Harnwegen vorliegen. Tierärzte wissen zwar, dass dieser Zustand nur selten durch eine Infektion hervorgerufen wird, die genauen Ursachen sind jedoch noch nicht bekannt. Manche Katzen weisen kaum klinische Symptome auf, ehe es zu einem lebensbedrohlichen Urinstau kommt. Wenn Ihre Katze Schwierigkeiten beim Absetzen von Urin hat, sollten Sie sich immer an Ihren Tierarzt wenden.

HARNWEGSERKRANKUNGEN

FARBE DES URINS

Die Farbe des Urins der Katze kann Aufschluss über ihre Gesundheit geben. Dunkler oder orangefarbener Urin ist hoch konzentriert und weist auf eine Leber- oder Immunerkrankung hin. Auch Dehydration oder eine Harnverhaltung können Ursachen sein. Heller bis farbloser Urin deutet auf starke Verdünnung hin, verursacht durch Diabetes oder eine Nierenerkrankung.

KATER UND KATZEN

Im Vergleich zu Katern besteht bei Katzen – bedingt durch die Anatomie des Harnleiterbereichs – ein erhöhtes Risiko für Störungen. Dennoch kommt es hauptsächlich bei Katern zu einer Verlegung der Harnröhre, die sehr eng ist und durch Ablagerungen, Schleim oder Blasensteine blockiert werden kann. Dies ist schmerzhaft und lebensbedrohlich. Sofort zum Tierarzt!

FREIGÄNGER

Änderungen beim Absetzen von Urin sind bei Katzen, die sich draußen erleichtern, schwieriger festzustellen. Katzen, die beim Urinieren Probleme haben, halten sich jedoch öfter als sonst im Haus auf und lecken sich verstärkt den Genitalbereich.

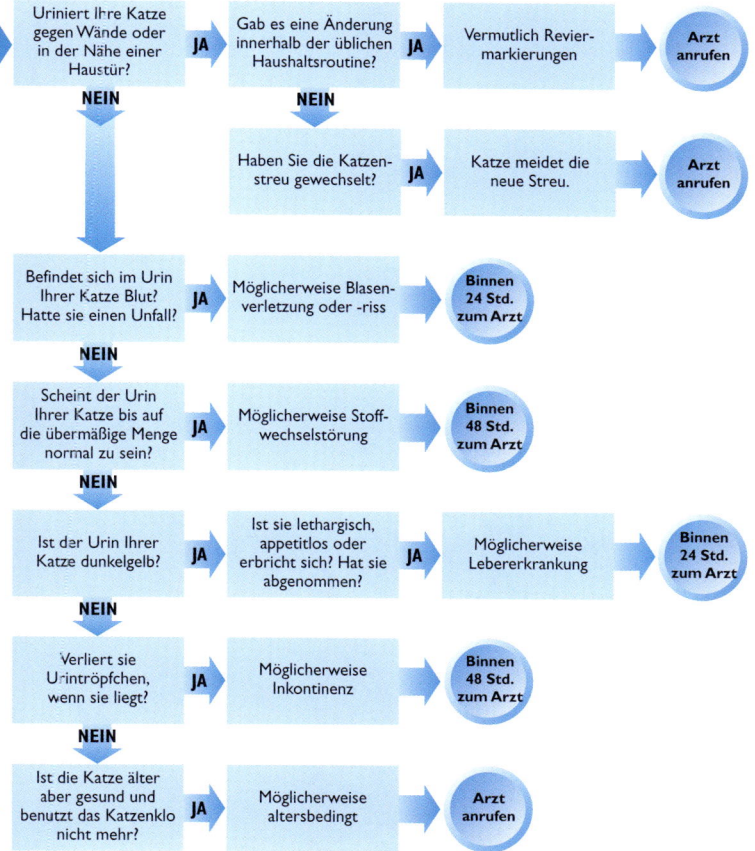

SYMPTOME ERKENNEN

GENITALER AUSFLUSS

Genitaler Ausfluss ist immer ernst. Bei Katzen kann ein grüner, gelber oder heller Ausfluss auf eine Gebärmutterinfektion unterschiedlicher Schwere hindeuten. Bei Katzen und Katern kann es durch Harnwegserkrankungen zu Ausfluss kommen, der einfachen oder körnigen Schleim enthält. Dies geht meist mit Schwierigkeiten beim Urinieren einher.

Übliche Symptome bei Katzen | **Übliche Symptome bei Katern**

- Haben Sie eine unkastrierte Katze mit durchsichtigem oder schleimigem Ausfluss? → **JA** → Schleimiger Ausfluss tritt häufig vor Gebärmutterinfektionen (Pyometra) auf. → **Arzt anrufen**
- **NEIN** ↓
- War Ihre Katze kürzlich rollig? Liegt vaginaler Ausfluss vor? → **JA** → Wahrscheinlich offene Pyometra – siehe Seite gegenüber. → **Am selben Tag zum Arzt**
- **NEIN** ↓
- Ist der Ausfluss Ihrer Katze blutig? → **JA** → Möglicherweise Infektion, Schwangerschaft oder Verletzung → **Am selben Tag zum Arzt**
- **NEIN** ↓
- Ist die Vulva Ihrer Katze geschwollen, hat sie gesteigerten Durst, aber keinen Ausfluss? → **JA** → Möglicherweise geschlossene Pyometra – siehe Seite gegenüber. → **Am selben Tag zum Arzt**
- **NEIN** ↓
- Ist an der Vulva klebriger oder körniger Ausfluss, hat die Katze beim Urinieren Probleme? → **JA** → Möglicherweise Harnwegserkrankung → **Binnen 24 Std. zum Arzt**

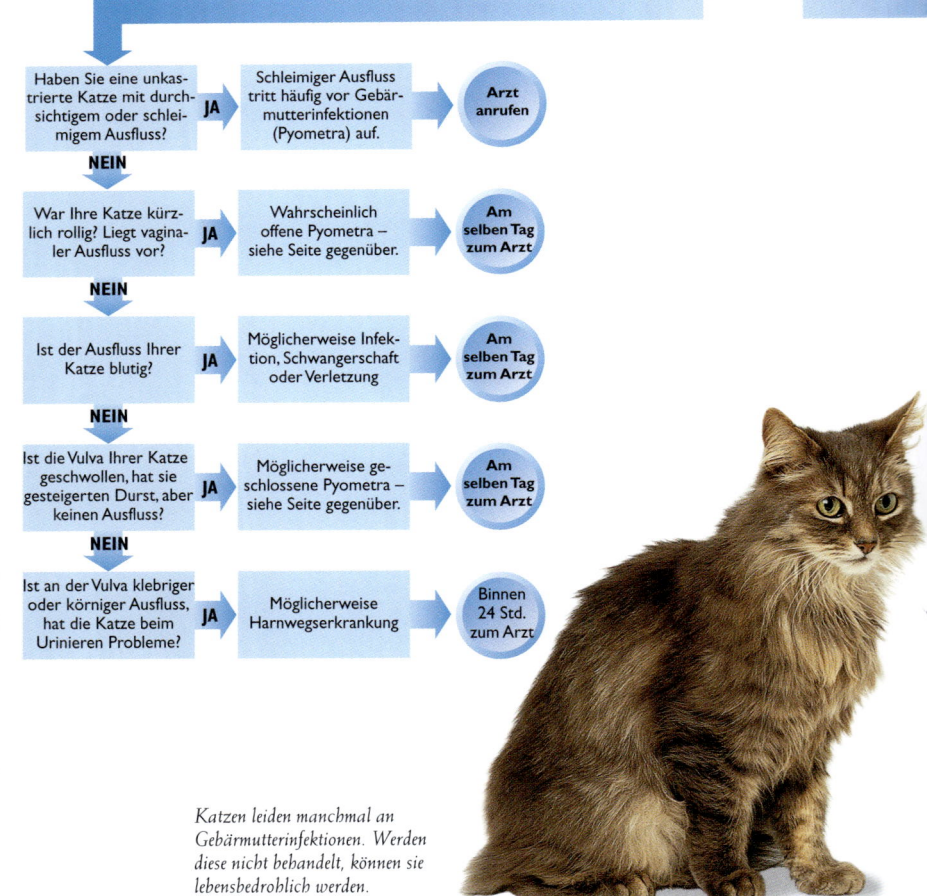

Katzen leiden manchmal an Gebärmutterinfektionen. Werden diese nicht behandelt, können sie lebensbedrohlich werden.

GENITALER AUSFLUSS

GEBÄRMUTTER-VEREITERUNG

Bei älteren Katzen steigt die Gefahr einer Gebärmutterinfektion mit jeder Rolligkeit an. Während der Rolligkeit können Bakterien in die Gebärmutter gelangen.

Bei einer Katze mit einer offenen Gebärmuttervereiterung ist der Ausfluss stark und riecht streng.

Verschließt sich der Gebärmutterhals nach Eintritt der Erreger wieder, kommt es zu einer geschlossenen Gebärmuttervereiterung. Diese ist gefährlicher und schwerer festzustellen. Verhält sich ihre Katze nach der Rolligkeit seltsam, sollten Sie mit ihr zum Tierarzt gehen.

URSACHEN FÜR AUSFLUSS

Reizungen der Harnwege können dazu führen, dass schützender Schleim produziert und abgesondert wird. Es ist manchmal schwierig zu unterscheiden, ob der Ausfluss aus dem Genital- oder dem Harnbereich kommt. Auch blutige Ausflüsse können sowohl aus dem Genital- als auch dem Harnbereich stammen. Ihr Tierarzt wird den Ausfluss untersuchen und die entsprechenden Maßnahmen einleiten.

Befindet sich an Vorhaut oder Penisspitze Ihres Katers ein klebriger oder körniger Ausfluss? → **JA** → **Mögliche Störung im unteren Harnleiterbereich** → **Binnen 24 Std. zum Arzt**

Hat Ihr Kater an Vorhaut oder Penisspitze einen klebrigen oder körnigen Ausfluss, so könnte eine Harnwegserkrankung vorliegen.

SYMPTOME ERKENNEN

WEHEN UND GEBURT

Wenn Ihre Katze trächtig ist, sollten Sie im Voraus Ihren Tierarzt kontaktieren, damit er im Notfall da ist. Große Kätzchen können bei einem engen Geburtskanal Probleme verursachen, ebenso wie schwache Wehen, zu denen vor allem ältere, füllige und nervöse Katzen neigen. Sehr junge Katzenmütter brauchen eventuell Hilfe beim Saubermachen der Kätzchen, das deren Atmung stimuliert.

Übliche Symptome

Nach 66 Tagen Trächtigkeit setzen bei Ihrer Katze immer noch keine Wehen ein? **JA** → Sofort Arzt anrufen
NEIN

24 Stunden, nachdem die Temperatur der Katze unter 37,8° C gefallen ist, keine Wehen? **JA** → Sofort Arzt anrufen
NEIN

Die Wehen haben eine Stunde nach Austritt des ersten Fruchtwassers noch nicht eingesetzt? **JA** → Sofort Arzt anrufen
NEIN

Nach 45 Minuten sind trotz Wehen noch keine Kätzchen zur Welt gekommen? **JA** → Sofort Arzt anrufen
NEIN

Halten die Wehen auch drei Stunden nach Entbindung des letzten Kätzchens noch an? **JA** → Sofort Arzt anrufen
NEIN

VOR DER GEBURT

Meist dauert die Trächtigkeit 64 Tage. Etwa einen Tag vor der Geburt frisst die werdende Mutter weniger und wählt den Ort für ihre Niederkunft aus, oft einen Schrank. Mitunter wirkt die Katze unruhig. Die Körpertemperatur sinkt.

WEHEN UND GEBURT

Bevor die Wehen einsetzen, weitet sich der Muttermund der Katze, die daraufhin unruhig wird, hechelt oder ständig ihr Position verändert. Nach 4–12 Stunden setzen die Wehen ein. Die Katze liegt auf der Seite und presst wie beim Absetzen von Kot. Manche Katzen bringen alle 30 Minuten ein Junges zur Welt. Ältere, schwächere oder nervöse Katzen brauchen drei oder mehr Stunden dafür. Jedes Mal wird eine Plazenta mit ausgeschieden.

NACH DER GEBURT

Gesunde Mütter lecken ihre Kätzchen, beißen die Nabelschnur durch und verzehren die Plazenta. Meist tritt ein rotbrauner oder dunkelgrüner vaginaler Ausfluss auf. Viele Mütter ziehen ca. 48 Stunden nach der Geburt mit ihrem ganzen Wurf an einen anderen Ort um.

WEHEN UND GEBURT

RUHE

Manche Katzen sind nervös und brechen die Geburt ab, wenn sie gestört werden. Beachten Sie:

- Gäste fernhalten
- Außenreize auf ein Minimum beschränken

Hat die Katze während der Wehen größere Mengen frisches Blut verloren? **JA** → **Sofort zum Arzt**

NEIN

Hatte die Katze bei der Geburt übelriechenden, bräunlichen oder gelblichen Ausfluss? **JA** → **Am selben Tag Arzt anrufen**

NEIN

Zeigt die Mutter Anzeichen von Schwäche oder Lustlosigkeit? **JA** → **Sofort zum Arzt**

NEIN

Katze kann zu Hause bleiben.

Hat die Katze nach Ende der Geburt hellrotes Blut verloren? **JA** → **Am selben Tag Arzt anrufen**

NEIN

Kam aus der Vulva nach der Geburt Schleim oder Eiter? **JA** → **Am selben Tag Arzt anrufen**

NEIN

Hat die Mutter während der Geburt zunehmend stark gehechelt? **JA** → **Am selben Tag Arzt anrufen**

NEIN

Wirken Mutter oder Kätzchen nach der Geburt schwach, krank oder apathisch? **JA** → **Am selben Tag Arzt anrufen**

NEIN

Pflege zu Hause fortsetzen.

Die Mutter sollte glücklich und zufrieden aussehen, die Kätzchen sollten wach sein und trinken.

UNERWARTETE TRÄCHTIGKEIT

Vielen Katzen merkt man die Trächtigkeit nicht an – sie nehmen kaum zu und bleiben bis kurz vor der Niederkunft schmal.

Bei Straßenkatzen ist es nicht ungewöhnlich, dass sie sich wenige Wochen vor der Geburt ein neues Zuhause suchen. Wenn Sie eine streunende Katze aufnehmen, sollten Sie immer auf eine Überraschung gefasst sein.

GLOSSAR

Abszess: Ein begrenzter Infektionsherd mit schmerzhafter Schwellung.

Akut: Plötzlich auftretend, wie beispielsweise Schmerzen.

Allergie: Gesteigerte Reaktion des Immunsystems auf bestimmte Umweltreize.

Anämie: Mangel an roten Blutkörperchen, der bei Krebs, Blutverlust, Knochenmarksschwund oder Erkrankungen des Immunsystems auftritt, bei denen die roten Blutkörperchen zerstört werden.

Anaphylaktischer Schock: Starke, mitunter lebensbedrohliche Überreaktion des Immunsystems, die zu Schocksymptomen führt.

Antihistamin: Zur Behandlung von Allergien, die durch Histamine verursacht werden.

Arthritis: Entzündung eines Gelenks.

Asthma: Eine Erkrankung, bei der sich im akuten Zustand die Muskulatur der Atemwege verkrampft, was das Atmen erschwert.

Bandwürmer: Parasiten, die im Verdauungstrakt der Katze leben und sich von teilweise verdauter Nahrung ernähren.

Biopsie: Die Entnahme einer Gewebeprobe zur mikroskopischen Untersuchung.

Bösartig: Ein Tumor, der auch in andere Regionen des Körpers streuen kann.

Bronchitis: Entzündung der Atemwege.

Cheyletiella-Milben: Ansteckende Ektoparasiten, von denen vor allem junge Hunde und Katzen befallen werden. Der Parasit kann auch auf Menschen übergehen.

Chlamydien: Eine Bakterienfamilie, die einige der Eigenschaften von Viren aufweist.

Chronisch: Ein Zustand, der über einen längeren Zeitraum anhält.

Colitis: Dickdarmentzündung.

Darmentzündung: Jede Darmerkrankung, bei der es zu einer Entzündung kommt.

Dehydration: Verlust der natürlichen Gewebeflüssigkeit.

Dermatitis: Hautentzündung.

Diabetes (schleichend): Mangel eines Hormons der Hirnanhangdrüse (antidiuretisches Hormon oder ADH), welches die Urinkonzentration in den Nieren kontrolliert. Verursacht übermäßiges Durstgefühl und Urinieren.

Diabetes mellitus: Hoher Blutzuckerspiegel. Tritt auf, wenn Insulin fehlt oder das zirkulierende Insulin nicht vom Gewebe aufgenommen werden kann.

Einlauf: Rektales Einführen von Flüssigkeit.

Eiter: Eine Mischung aus Bakterien und abgestorbenen weißen Blutkörperchen, meist übelriechend.

Eklampsie: Krämpfe, die bei säugenden Katzen auftreten können.

Werden durch Kalziummangel verursacht.

Ekzem: Allgemeiner Ausdruck für oberflächliche Entzündungen der Haut.

Endokrines System: Hormonsystem des Körpers, zu dem Hirnanhangdrüse, Nebennieren, Schilddrüse und Keimdrüsen gehören, die die Hormone produzieren.

Enteritis: Darmentzündung.

Enzymmangel: Mangel an Verdauungsenzymen.

Eosinophile Plaque: Klar abgegrenzte, oftmals eitrige, juckende Läsionen. Treten meistens am Rücken, den Hinterbeinen oder im Leistenbereich auf und enthalten eosinophile Leukozyten.

Eosinophiles Granulom: Knötchen an Haut, Lefzen oder Zahnfleisch, die als eosinophile Leukozyten bezeichnete weiße Blutkörperchen enthalten.

Epileptischer Anfall: Zeitweise Störung des Nervensystems, die durch elektrische Spannung im Hirn verursacht wird.

Felines Corona-Virus: Ein nicht pathogenes Virus, das bei Katzen häufig auftritt. Kann zu einem pathogenen Virenstrang mutieren, der dann Bauchfellentzündung (FIP) verursacht.

FIP: Feline infektiöse Peritonitis, die Mutationsform des felinen Corona-Virus.

FIV: Katzenimmunschwäche, die zu schweren, potenziell tödlich verlaufenden Krankheiten führen kann.

Flechte: Oberflächliche Hautpilzerkrankung.

Flöhe: Die häufigsten Ektoparasiten. Nisten sich im Fell und auf der Haut der Katze ein.

Geriatrie: Bereich der Medizin, der sich mit Problemen und Erkrankungen im Alter und während des Alterns befasst.

Giardia: Einzellerparasiten, die den Verdauungstrakt befallen und Durchfall verursachen können.

Granulom: Gutartiger Bindegewebstumor, der von Hautreizungen begleitet wird.

Grauer Star (Katarakt): Trübung der Augenlinse, meist im Alter.

Grüner Star (Glaukom): Erhöhter Augeninnendruck.

Gutartig: Ein lokaler Tumor der nicht streut, also nicht bösartig ist.

Hakenwürmer: Blutsaugende Würmer, die den Dünndarm befallen.

Hämatom: Bluterguss.

Hernie: Austreten eines Körperteils aus einer Körperhöhle.

Herzwürmer: Im Herzmuskel hausende Parasiten. Die Larven werden durch Mücken übertragen. Bei Katzen seltener als bei Hunden.

Hornhaut: Die durchsichtige Oberfläche des Auges.

Immunvermittelte Erkrankung: Erkrankung, die durch eine Überreaktion des Immunsystems ausgelöst wird.

Inkontinenz: Unkontrolliertes Austreten von Urin, vor allem beim Hinlegen. Tritt hauptsächlich bei älteren und kastrierten Weibchen auf.

Karzinom: Ein bösartiger Tumor, der in Hautzellen oder an organischen Zellen entsteht.

Kastration: Operative Entfernung der Keimdrüse, die bei beiden Geschlechtern die sexuellen Verhaltensweisen und somit die Fortpflanzung verhindert. Bestimmte Krankheiten werden dadurch vermieden.

Katzenleukose: Infektion mit dem Katzen-Leukämie-Virus, das Kätzchen meist durch den Speichel der Mutter übernehmen.

Klinische Anzeichen: Was Sie am Verhalten Ihrer Katze beobachten.

Kongenital: Angeboren. Kongenitale Erkrankungen können mitunter erblich bedingt sein.

Kortikosteroide: Die von der Nebennierenrinde produzierten Hormone.

Laryngitis: Entzündung des Kehlkopfes.

Läsion: Durch Krankheit oder Verletzung hervorgerufene Gewebeveränderung.

Läuse: Blutsaugende Parasiten, die bei schwerem Befall eine Anämie verursachen können.

Lungenwürmer: Bei Katzen selten auftretende Parasiten mit dem lateinischen Namen *Aelurostrongylus abstrusus*.

Lymphom: Tumor, der sich im Lymphgewebe bildet.

Malabsorption: Verminderte Nährstoffaufnahme. Dünndarm nimmt Nährstoffe nur unzureichend auf.

Mastitis: Entzündung des Gewebes im Gesäugebereich.

Metastasieren: Streuung von Metastasen in einen anderen Bereich des Körpers.

Mucometra: Gebärmutterverschleimung.

Myositis: Muskelentzündung.

Nebenniere: Neben jeder Niere sitzt diese Drüse, die eine Vielzahl verschiedener Hormone produziert.

Noradrenalin: Ein Neurotransmitter, der das Zusammenziehen von Blutgefäßen verursacht, was zu erhöhter Herzfrequenz und Blutdrucksteigerung führt.

Nystagmus: Rhythmisches und unkontrollierbares Zittern beider Augäpfel.

Ödem: Übermäßige Ansammlung von Flüssigkeit im Gewebe.

Ohrmilben: Winzige Parasiten, die den Gehörgang besiedeln und dort Reizungen verursachen.

Ovarialzyklus: Fortpflanzungszyklus.

Parvovirus: Virus, das schwere Schäden an der Darmschleimhaut verursachen und sich auch auf das Immunsystem auswirken kann. Meist als feline Enteritis oder Panleukopenie bezeichnet.

Pathologie: Untersuchung von Gewebeschäden.

Perianal: Um den After liegend.

Peritonitis: Bauchfellentzündung.

Pneumonie: Lungenentzündung.

Poly-: Übermäßig oder mehrfach, z.B. Polyarthritis.

Pyometra: Gebärmuttervereiterung.

Räude: Stark juckende Krustenbildung auf der Haut, die von Räudemilben verursacht wird. Diese sind Ektoparasiten, die sich unter die Haut graben.

Retina/Netzhaut: Die lichtempfindlichen Zellschichten im hinteren Teil des Auges.

Rolligkeit: Die Phase des Fortpflanzungszyklus, in der die Eizellen reif sind.

Sabbern: Speicheln.

Sarkom: Bösartiges Gewebegeschwür.

Schilddrüse: Die am Hals sitzenden Drüsen, welche die für die Stoffwechselkontrolle erforderlichen Hormone produzieren.

Schilddrüsenerkrankung: Meist handelt es sich um eine Überfunktion, in seltenen Fällen auch um eine Unterfunktion der Schilddrüse.

Schleim: Durchsichtiges, feuchtes Sekret, das von Schleimhautzellen produziert wird.

Schock: Medizinischer Notfall, bei dem es zu einem Zusammenbruch des Herz-Kreislauf-Systems kommt, was zu einem physischen Kollaps, Pulsrasen und blassen Schleimhäuten führt.

Sinusitis: Entzündung der Nasennebenhöhlen.

Sklerose: Krankhafte Verhärtung des Gewebes, verursacht durch Alter oder Entzündungen.

Speiseröhre: Verbindung zwischen Rachen und Magen.

Spulwürmer: Parasiten, die im Verdauungssystem der Katze leben und sich von verdauter Nahrung ernähren. Können Durchfall auslösen.

Stoffwechselstörung: Störung der Stoffwechselfunktionen des Körpers.

Striktur: Verengung einer Röhre oder eines Durchgangs.

Tollwut: Tödliche Viruserkrankung des Nervensystems, die meist durch den Biss eines infizierten Tieres übertragen wird.

Toxoplasmose: Durch Parasiten, die meist über rohes Fleisch aufgenommen werden, verursachte Erkrankung des Verdauungstrakts. Ist auf Menschen übertragbar.

Tumor: Gewebewucherung, bei der es zu unkontrollierter und anhaltender Vermehrung von Zellen kommt. Kann gutartig (lokal begrenzt) oder bösartig (Gefahr der Streuung) sein.

Vestibulär: In Zusammenhang mit dem Gleichgewichtsorgan stehend.

Zwerchfell: Flacher, nicht kontrollierbarer Muskel, der den Brustkorb vom Bauch trennt.

Zyanotischer Schock: Schockzustand, der durch einen Mangel an sauerstofftransportierendem Hämoglobin im Blut verursacht wird.

Zyste: Flüssigkeitsgefüllter Gewebehohlraum, der durch Krankheit oder Infektion entsteht.

REGISTER

A
Aggressivität 40, 41
Allergische Reaktionen 32
Alter 12, 83
Afterdrüsenreizung 30, 78
Anfälle 62–23
Appetit 72–73, 77
Arthritis 58, 59
Asthma 66
Atemwegsinfektion 25
Atmung 70–71
Augen 50–51
Augentropfen 19

B
Bandscheibenvorfall 59
Bandwürmer 30, 31
Bauch, aufgebläht 80–81
Bauchfellentzündung
   Bauchfell 84
   (FIP) 25, 81
   Impfung 23
Beatmung, künstliche 34–35
Bewusstlosigkeit 34, 36, 62
Bindehaut 20, 65, 66
Bissverletzungen 47, 58
Blaugraue Augen 51
Blutungen 48–49

C
Cheyletiella-Milben 55
Chlamydien 23
Cryptococcus-Pilz 65

D
Dehydration 20, 77
Depression 43
Diabetes 43, 63, 72, 82–83
Druckverband 48–49
Durchfall 76–79

E
Eingewachsene Krallen 58
Eklampsie 62
Ektoparasiten 28–29
Ekzeme 55
Endoparasiten 30–31
Epilepsie 62
Eingeweidebruch 78
Erbkrankheiten 11
Erbrechen 74–75
Ersticken 66–67

F
Festhalten 15, 18
Flöhe 28–29, 31
   Dermatitis 28
   Kratzen 54–55
Flüssige Medikamente 19
Freigänger 10–11, 73, 85
Fressverhalten 72–73

G
Geburt 88–89
Gebärmutterinfektion 86, 87
Genitaler Ausfluss 86–89
Gesäugekrebs 57
Geschwüre 69
Gewichtsveränderungen 16
Giardia 30, 31
Gleichgewichtssinn 60–61
Grüner Star 51
Gutartige Tumore 57

H
Haarausfall 28, 54–55
Haarballendiät 66, 74
Harnwegserkrankungen 79, 84, 86–87
Hauskatzen 11
Haut 20
   Allergien 32, 53
   Kratzen 54–55
   Parasiten 28
   Pilz 55
   Schwellungen 56–57
   Verletzungen 26–27
Hecheln 45, 71
Hefepilze 28
Herzerkrankung 81
Herzfrequenz 32–33
Herzmassage 36–37
Herzversagen 36
Herzwürmer 31
Hinken 58–59
Hirnhautentzündung 62
Hitzschlag 71
Husten 66

I
Impfungen 22–23, 40
Infektionskrankheiten 24–25

Insektenstiche 47, 53
Insulin 63, 83

J
Juckreiz 28, 32, 53–54,

K
Kalte Kompressen 47, 59, 64
Kalziummangel 62
Kapillare Einstromzeit 21, 32
Kastration 13
Kater 13
   Ausfluss 86–87
   Schwierigkeiten beim Urinieren 84, 85
Katzen 13
   Ausfluss 86, 87
   Schwierigkeiten beim Urinieren 85
Katzengrippe 23
Katzenimmunschwäche (FIV) 23, 24
Katzenleukose (FeLV) 23, 24
Katzenschnupfen 23
Katzenseuche (Panleukopenie) 23, 24
Keuchen 71
Knochenkauen 79
Knoten 56
Koma 63
Kommunikation 17
Koordinationssinn 60–61
Kot 78–79
Krallen 58, 59
Krämpfe 62–63
Kratzen
   Haut 54–55
   Ohren 52
   Parasiten 28, 29
Krebs – siehe Leukose
Künstliche Tränenflüssigkeit 51

L
Läuse 28, 29
Lahmheit 58–59
Lautäußerungen 44–45
Lebererkrankung 43, 62
Lecken 47, 74
Lefzen 21, 54, 69
Lethargie 42–43
Leukose 23, 24

REGISTER/DANK

Luftröhre 45
Lungenwürmer 66

M
Medikamente 18–19, 73
Milben 28–29
  Haut 54, 55
  Ohren 53, 54
Mundgeruch 68–69
Mundhygiene 68–69
Muskelentzündung 59

N
Nasenbluten 65
Nasenerkrankungen 64–65
Nasennebenhöhlenentzündung 65
Nervensystem 62–63
Niederkunft 88–89
Niesen 64, 66

O
Offene Wunden 27
Ohnmacht 36
Ohrverletzungen 52–53,
  Milben 28–29, 31, 54
Ohrentropfen 19

P
Parasiten 28–31, 54
Peitschenwürmer 30, 31
Pilzinfektion 28
Probleme beim Urinieren
  79, 84–87
Pulsfrequenz 32, 33

R
Räudemilben 29, 31, 54
  beim Menschen 29
Ringelflechte 28

S
Sabbern 47, 69
Sarkome 22
Schlafdauer 45
Schlaganfälle 61
Schlangenbisse 47
Schmerzempfinden 11, 42
Schmerzmittel 59
Schnurren 45
Schockzustand 32–33
  Atmung 70–71
  Blutung 48–49
Schwellungen 56–57
Sklerose 51
Sonnenbrand 55
Speichel 69
Speicheldrüsenzyste 69
Spulwürmer 30, 31
  Durchfall 76
  Erbrechen 74
Stichverletzungen 46
Stimmbänder 45

T
Tabletten 18
Taubheit 53
Toxische Schmerzmittel
  59
Toxoplasmose 30, 31
Trächtigkeit 88–89
Trinken 82–83
Trommelfell 53
Tumore 56–57
  Augen 51
  Impfungsbezogen 22
  Mund 69
  Sarkom 22
  Unterleib 79
Tollwut 23, 25, 40

U
Übelkeit 74, 75
Unruhe 75
Untersuchungen 14–21
Urinfarbe 85

V
Vergiftungen 61
Verhalten 40–45
  Alter 12
  Drinnen lebende
  Katzen 11
Verletzungen 26, 27,
  46–47
  Innere 26
Verstopfung 78–79, 80
Virusinfektion 69
Vorhaut 87

W
Wehen 88–89
Wiederbelebung 34–37
Würgen 66–67
Würmer 30–31, 80
Wunden 26–27, 46–49

Z
Zähne 68
Zahnfleisch 21, 32
Zecken 28, 29
Zuckungen 62–63

DANK

Dank des Autors
Mein Dank gilt Chris Lawrence vom RSPCA und meinen Tierarzt-Kollegen für ihre praktischen Ratschläge. Ebenso dankbar bin ich meinen Arzthelferinnen Hester Small, Hilary Hayward, Sarah Wilsdon, Amanda Hackett, Ashley McManus und Jenny Ward für ihre Erfahrung und ihr ständiges Bemühen während ihrer Arbeit in der Klinik.

Dank des Verlags
Dorling Kindersley bedankt sich bei folgenden Personen:

Fotos
Sämtliche Aufnahmen wurden von Jane Burton, Angelika Elsebach, Steve Gortin, Marc Henrie, Dave King und Tim Ridley gemacht, mit Ausnahme der folgenden:

RSPCA Photolibrary 32; Angela Hampton 20, 21, 22, 24; Alan Towse 81, Sally Anne Thompson Animal Photography 10.

GLÜCK AUF VIER PFOTEN

Alles Wissenswerte über die kleinen Stubentiger finden Sie bei Dorling Kindersley.

Katzen
Rassen-Haltung-Pflege
ISBN 978-3-8310-0791-2

Kompakt & Visuell Katzen
ISBN 978-3-8310-1078-3

Meine Katze
Haltung, Pflege, Rassen
ISBN 978-3-8310-0491-1

Katzen richtig verstehen
ISBN 978-3-8310-1169-8

Natürliche Katzenhaltung
ISBN 978-3-8310-1174-2

Katzen – Die neue Enzyklopädie
ISBN 978-3-8310-0287-0

Dorling Kindersley

www.dorlingkindersleyverlag.de